はじめに――ネオウイルス学とは何か？

教授
河岡義裕

四六億年におよぶ歴史の中で、地球環境は常に生物はそのときどきの環境に対応しながら進化を続けてきました。

現在、地球上には八七〇万種の生物が存在し、その多様な生物種は、「古細菌」「真正《しんせい》細菌」「真核生物」という三つのグループに大別されています。見慣れない分け方かもしれませんが、これは遺伝の仕組みや生物学的な性質による分類です。ごく簡単に説明すると、「古細菌」とは高温環境や高濃度塩分環境など極限状況下で生存する微生物、「真正細菌」はいわゆる一般的な細菌類、「真核生物」とは我々ヒトを含む動物や植物、菌類などです。

どのグループのどの生物も単一の集団だけでは生存できず、周囲の生物集団や自然環境と密接に関わることで作り出される「生態系」の中で生命を育んでいます。

私たちの研究対象であるウイルスは、生物の最小単位である細胞を持たないため、生物学上の三つのグループには属していません。

しかしウイルスは、地球上に一〇の三一乗という膨大な数が存在していると考えられ、三つの生物グループに含まれるすべての生物に寄生、感染しながら存在し続けています。

それを思えば、ウイルスがあらゆる生物の生命活動、ひいては地球全体の生態系に影響をおよぼしていることが、容易に想像できるのです。


ウイルス学の歴史は一九世紀の末に始まりましたが、これまでは生物に病気をもたらす「病原体」としての側面に研究が偏っていました。そもそもウイルスという名称自体、「毒」を意味するラテン語の virus に由来しています。

しかし、私たちウイルス研究者の間では、ウイルスが寄生する「宿主」に必ずしも悪い影響だけを与える存在ではないことが知られていました。病原体としてインフルエンザウイルスや

ネオウイルス学

河岡義裕 編
Kawaoka Yoshihiro

a pilot of wisdom

エボラウイルスを長年研究してきた私自身、以前から「病気を起こさないウイルス」に興味を抱いていた一人です。

そこで私たちは、ウイルスの機能メカニズムをより深く追究し、生物の生命活動や生態系におよぼす影響、自然界におけるウイルスの存在意義を解明する、新しいプロジェクトを二〇一六年に立ち上げました。それが「ネオウイルス学」です。

ネオウイルス学の領域では、すでにさまざまな報告がなされています。たとえば、生物のゲノム（遺伝子の総体）の中に、ウイルス由来のゲノムが含まれていることです。ヒトも例外ではありません。はるか昔、体内に寄生したウイルスのゲノムが、そのまま私たち人類の遺伝子に組み込まれ、胎盤の形成やウイルス感染を防御する役割を果たしています。私たちはウイルス感染による病気にたびたび悩まされる一方、まったく意識していないところでウイルスの恩恵も受けているのです。

植物の場合も同様で、ウイルスに感染して枯れていくこともあれば、ウイルスが寄生することで乾燥に強くなることも確認されています。

またウイルスは、海や河川などにも膨大な数が存在し、水生生物や水中環境にも大きな影響を与えていることも明らかになってきました。

一例を挙げれば、プランクトンの異常繁殖で水面を変色させる赤潮を制御するウイルスも発見されています。さらに、一〇〇度前後の熱湯からも、ウイルスが続々と見つかっているのです。

ウイルスにおける大きさの上限と考えられていた三〇〇nm（ナノメートル）をはるかに超える巨大ウイルスや、キャプシドという殻を持たないハダカ状態のウイルスなど、それまでの「常識」を覆すウイルスも発見されています。

ネオウイルス学プロジェクトの研究者は、互いに協力し合いながら、生物に感染するウイルスに留《とど》まらず、地球上のあらゆる環境をフィールドとして、ウイルスの知られざる側面を探究しています。

一方、パンデミック（世界的流行）を起こした新型コロナウイルス（SARS-CoV-2）についても、プロジェクトメンバーが、それぞれの専門性を活《い》かした研究に従事し、新型コロナウイルス感染症（COVID-19）の対策に取り組んでいます。

もともと新型コロナウイルスを持っていたのは、野生のコウモリだと考えられています。インフルエンザウイルスの元の宿主は野生のカモで、ヒトのウイルス感染症はしばしば野生生物に寄生するウイルスからもたらされています。

これまではヒトへの感染が確認されてから、元の宿主をたどる方向で研究が行われてきました。しかし、今後は野生生物が持つウイルスを網羅的に検出し、その性質やヒトへ伝播《でんぱ》する危険性を事前に調査しておくことも大切です。これもネオウイルス学の範疇《はんちゅう》で、アフリカやブラジルでフィールド調査を行っているグループもあります。

本書は、そうしたネオウイルス学の実態や、新規に得たウイルスの知見を各研究者により、一般の方々へ紹介してもらうことを目的としています。

とはいえ、「ネオ」どころか、従来のウイルス学についても、一般書籍で紹介される機会はそう多くありません。「ウイルス研究者」とは、そもそもどのような人物なのか。これも一般にはほとんど知られていないと思われますので、そうした面の紹介も兼ねた書物にしました。

このプロジェクトに参加している研究者たちの真摯な姿勢と熱い思いに触れながら、「地球生態系の構成要素」として、あるいは「人類と共存関係を続けてきた存在」として、ウイルスの隠れた一面を知っていただければうれしく思います。

目次

第五章　ウイルスを探す

第一章　ウイルスと宿主の共存

一生ヒトの体内に潜んでいられるウイルス——ヘルペスウイルス

東京大学 医科学研究所 感染・免疫部門
ウイルス病態制御分野 教授
川口 寧

ウイルスはＤＮＡ（デオキシリボ核酸）またはＲＮＡ（リボ核酸）のどちらかを遺伝子として持ち、その周りをキャプシドと呼ばれるタンパク質の外殻が囲んでいるだけの、きわめて単純な構造を持つ小さな粒子です。この単純・極小の粒子がヒトや動物に感染すると、さまざまな病気を引き起こし、時には命をも奪います。にもかかわらず、ウイルス感染の予防法や治療法は十分確立しているとは言えません。

ここまでは、みなさんもご存知のことでしょう。新型コロナウイルス感染症（COVID-19）の流行で、ウイルスの「病原体」としての性質が、マスメディアで大々的にクローズアップされ

ウイルス模式図

ヘルペスウイルス粒子

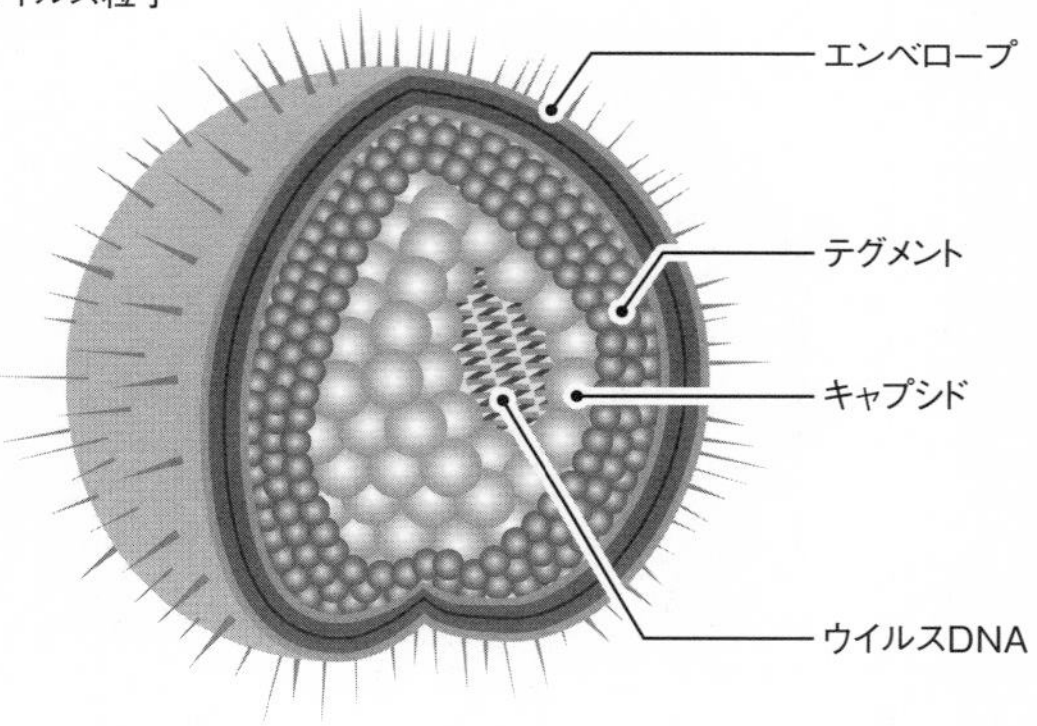

Virus Report 1: 35-43 (2005)

ましたから。

しかし一方、ウイルスには、病気を起こすだけでなく、感染した動物を病気にかかりにくくする性質もあることが、近年の研究で次々明らかになっています。病気を起こす「悪玉」という面だけでなく、「善玉」の側面もあるウイルスは、私たち研究者の立場から見れば興味深く、実に魅力的な存在でもあるのです。

とりわけ、私たちのラボ（研究室）がメインに扱っているヘルペスウイルスの魅力は格別で、研究のやり甲斐《がい》もあり興味が尽きません。研究の内容をお伝えする前に、まずはヘルペスウイルスについて、紹介させてください。

ヘルペスウイルスと潜伏感染

ヘルペスウイルスは、牡蠣《かき》など貝類から魚類、鳥類、哺乳類に感染するものまで幅広く、現在までに一三〇種類以上発見されています。一般的にウイルスは、一度感染したあと、その宿主（感染した個体）の免疫システムによって排除されますが、ヘルペスウイルスは感染した宿主の細胞内に一生留まり続けるのが際立った特徴です。これを「潜伏感染」と言って、細胞内に留まったウイルスは、宿主に何度も繰り返し病気を発症させながら、宿主と共存していきます。一般に「ヘルペスフォーエバー」とも言われるのは、こうした理由です。

ヒトに感染するヘルペスウイルスは九種類で、その中で私たちが研究をしている単純ヘルペスウイルス（ＨＳＶ）は、ヘルペス脳炎や口唇ヘルペス、性器ヘルペスといった病気を起こします。ヘルペス脳炎は投薬治療が遅れると死にいたることもあり、回復後に重い後遺症が残るケースも少なくありません。口唇ヘルペスや性器ヘルペスは患部に水泡ができる病気で、死にいたることはありませんが、長い間、繰り返し病気が再発します。一年のうちに五、六度発症する場合もあるほどです。

あまりメディアでは報道されませんが、全人類の九割がなんらかのヘルペスウイルスを複数体内に持っていると言われます。繰り返しの発症で生活の質が落ちてしまったり、患者数が多く医療費の負担も大きいことを考えると、非常に影響力の大きい、重要なウイルスだと言えます。また、症状が出ていなくても、体液にウイルスが存在することがあり、身近な人に感染させてしまう点もやっかいです。

単純ヘルペスウイルス（HSV）

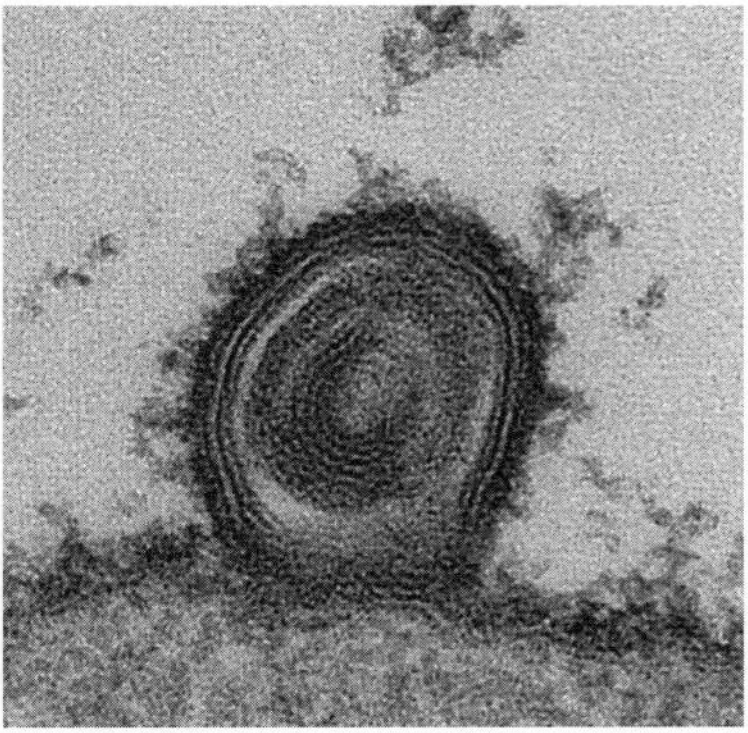

ウイルスは単独では増殖することができませんから、仲間を増やすためには宿主の存在が不可欠です。かといって、宿主に重い病気を発症させ、宿主を殺してしまっては自らも消えてしまいます。その意味で、一生潜伏し続け、宿主を殺さずに適度に再発して、感染を広げていくヘルペスウイルスは、非常に賢いウイルスだとも言えるのです。

最初に、ウイルスはＤＮＡまたはＲＮＡを遺伝子として持つ、とお伝えしましたが、ヘルペスウイルスは、二本鎖のＤＮＡウイルスです。地球上の最初期の生命はＲＮＡが基礎となり、そこからＤＮＡが誕生したとする「ＲＮＡワールド」仮説から考えれば、ＤＮＡウイルスであるヘルペスウイルスは、ＲＮＡウイルスより進化したウイルスと言えるかもしれません。

ヘルペスウイルスの中で、私たちがメインにしている単純ヘルペスウイルスの研究は、一〇〇年も前に始まりました。著名なウイルスの中では、もっとも古くから研究されてきたウイルスの一つです。今後解明しなければならないことは多いのですが、ウイルスがどのように増殖するか、どのように病気をもたらすかに関して、すでに解明されていることもたくさんあります。一方、新型コロナウイルスなどの新しく出現したウイルスの研究では、一から研究を始めなければなりません。つまり、今、単純ヘルペスウイルスの研究に携わる私たちは、解明されていない部分だけに特化した、最先端の研究ができるのです。

ウイルス研究で新しいサイエンスを切《き》り拓《ひら》く

さて、では私たちの研究室では、単純ヘルペスウイルスを使ってどのような研究を行っているのでしょうか。

「ウイルス研究で新しいサイエンスを切り拓く」

これが私たちの研究室のキャッチフレーズですが、これだけでは抽象的なので、具体的にご説明しましょう。私たちの研究には、大きく三つの方向性があります。

一番目は、ウイルスが繰り返し宿主に病気を引き起こすメカニズムを解明して、ワクチンや薬の開発につながるような研究。つまり、伝統的なウイルス学の研究です。

二番目は研究室のキャッチフレーズにあるように、ウイルスの研究をウイルス学だけでなく、より一般的な生物学につなげる研究（新しいサイエンス）です。一つ例を挙げると、私たちのウイルスの研究から細胞の新たなメカニズムもわかってきました。

自らの力では増殖できないウイルスは、宿主の細胞内に入り込み、細胞の機能をうまく利用してウイルスを増やしていきます。宿主の細胞は、ウイルスの遺伝子を自分の遺伝子と勘違いして、ウイルスを生み出してしまうのです。

もう少し詳しい説明をすると、遺伝子とは言わばタンパク質の設計図で、細胞内のリボソームと呼ばれる複合体の中でタンパク質が合成されますが、ウイルスにはリボソームがありません。そこで、宿主のリボソームをハイジャックして、ウイルス工場にしてしまいます。ふだんはリボソーム内で宿主のためにタンパク質が作られるのですが、ウイルスの遺伝子が入るとふ

単純ヘルペスウイルス増殖図

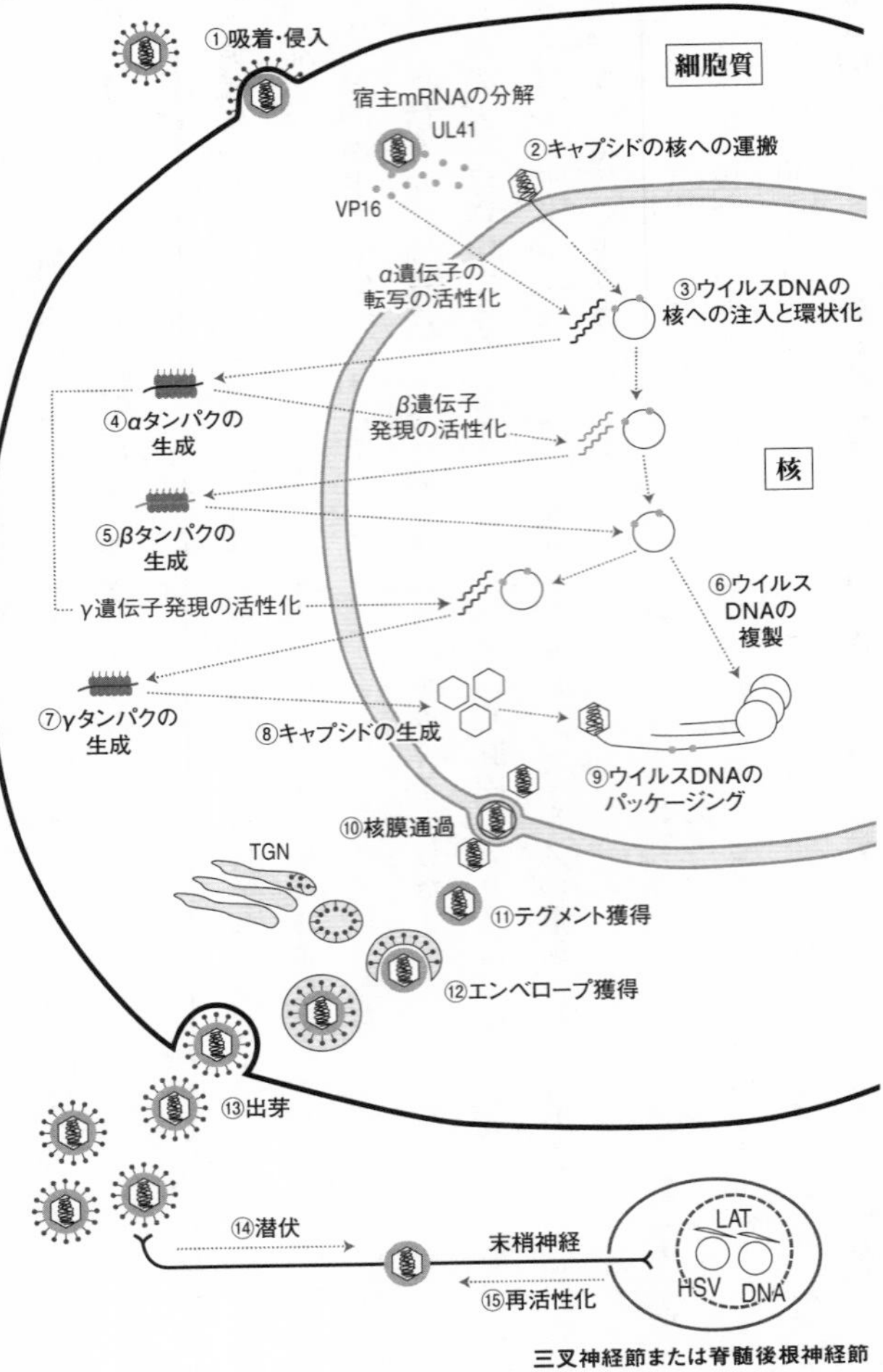

だんの働きが止まり、ウイルスのタンパク質だけをせっせと作り出すのです。

通常、細胞内の核にある物質は、核膜孔という小さな穴から細胞質へと輸送されていきますが、核で組み立てられた単純ヘルペスウイルスは大きすぎてその穴を通り抜けることができません。そこで、細胞内にあるものをハイジャックするのです。細胞の核は核内膜、核外膜という二重の膜で覆われていますが、単純ヘルペスウイルスは核内膜を被《かぶ》り、核外膜と融合してスルっと核外へ出ていきます。やはり賢いのです！

これは「小胞媒介性核外輸送」といって、もともと細胞が持っている機構ですが、特別な場合にしか働かないらしく、細胞の研究をしている研究者には、なかなか見つけ出すことはできていませんでした。ウイルスが入り込み、細胞の機能をハイジャックしてその機能を活性化することを解明したからこそ、その仕組みが明らかになったのです。

私たちは二〇一八年にこの研究成果を論文発表しましたが、さらに研究は進んでいます。この小胞媒介性核外輸送機構が、早老症に関係していることがわかりつつあるのです。早老症とは全身にわたって老化が急速に進んでしまう遺伝病で、日本では難病に指定されています。現在のところ根本的に早老症を治す方法はありませんが、発症のメカニズムが明らかになれば、薬の開発にもつながるかもしれません。

「ウイルス研究で新しいサイエンスを切り拓く」とは、まさにこうしたことなのです。

ヘルペスウイルスの「善玉」的役割とは

三番目の研究は、ネオウイルス学にもっとも近い研究で、ヘルペスウイルスの「善玉」的役割を見つけることです。

ウイルスが宿主の細胞内に入ると、宿主が元から持っている自然免疫がウイルスを「異物」と認識し、活性化してウイルスを排除しようとします。ウイルス側から見れば、細胞内に潜伏しながら宿主に繰り返し病気を起こし、宿主の自然免疫システムをたびたび活性化させているわけです。そう考えると、ヘルペスウイルスが潜伏感染していることで、宿主になんらかの恩恵があるのではないか——という方向で、研究をしています。

同じような研究をしているグループが海外にもあるのですが、そこからはすでに論文が発表されました。

「ヘルペスウイルスが潜伏感染していると、細菌に感染しにくくなる」というのがその論文内容でした。なぜこういう現象が起きるのか、そのメカニズムはまだ解明にいたっていませんが、宿主を細菌に感染しにくくするとは、とびきりの「善玉」だと思いませんか？

私たちの研究室でも、ヘルペスウイルスに感染すると、あるメジャーな病気にかかりにくいことがわかってきました。発表したら、みなさん驚かれると思いますが、もう少し待っていてください。

その代わり、どんな方法でその研究を進めているかをお話しします。実はこれが非常にシンプルで、腸内細菌を調べるのです。腸内には五〇〇から数千種類、個体として数えると一〇〇兆個以上も細菌が生息していると考えられています。これを総称して腸内細菌叢《さいきんそう》と言いますが、おびただしい数の細菌が存在している様子が花畑（フローラ）に喩《たと》えられ、「腸内フローラ」という呼び名もあります。

近年、腸内細菌叢の研究が進み、細菌ごとに特定の病気を抑制する効果や、免疫調整の役割があることなどが明らかになってきました。

私たちは蓄積されたそれらのデータをもとに、マウスを使って実験をしています。単純ヘルペスウイルスに感染していないマウスと、ウイルスが潜伏しているマウスの便を採取し、それぞれの腸内細菌を調べているのです。

すると、単純ヘルペスウイルスの潜伏が、ある特定の病気と関連することがわかり、さらにマウスを使って詳しく検証しています。言葉で説明すると簡単な研究に思えるかもしれませんが、実際はなかなか大変で、多くの時間を要するのです。

ただ、研究にマウスを利用できる点は恵まれています。ヒトに感染するウイルスが、マウスなど実験に使える小動物にも感染するとは限りません。たとえばエイズを発症させるＨＩＶやＢ型やＣ型肝炎ウイルスなどはマウスに自然感染しないため、ウイルスがどう病気を起こすか、実験動物を使って調べることがとても難しく、主に試験管の中でどのように増殖するかを実験するだけになってしまいます。試験管の中で病気の研究はできません。単純ヘルペスウイルスはマウスにも自然感染し、ヒトの病気を再現することができるので、マウスの生体内でウイルスが増殖し、病気を発症させるメカニズムを研究することができます。

単純ヘルペスウイルスの善玉的側面について発表できる日が、私自身とても楽しみです。

コラボレーションの重要性

ウイルスの存在が発見され、ウイルス学がスタートしたのは一九世紀の後半でしたが、目覚ましい発展を遂げたのは、ヒトのゲノムがすべて解読された二一世紀の初めからだと思います。

多くの技術が登場し、情報が膨大に蓄積されてきた今、とても一つの研究室だけでは最先端の大きな研究ができなくなってきました。

実際、さまざまな形で共同研究（コラボレーション）が行われるようになっていますが、今後はますますコラボレーションの必要性が高まってくるはずです。私たちも情報科学や計算科学、ゲノム科学、蛋白質《たんぱくしつ》科学、免疫学、細胞生物学など、多種多様な分野の研究室と共同で研究を進めています。

そこで大切なのが、人間同士のつながりです。各分野で最先端の研究をしている研究室がコラボレーションを行おうとしても、互いの人間関係が円滑でなければ研究がスムーズに進みません。いくら技術が進歩しても、大きな成功のカギを握っているのは、技術を扱う人間の熱意や、共同研究を行う相手とのコミュニケーションなのです。

その点私は、共同研究者や周囲の人々に恵まれてきました。振り返ってみれば、学生時代からヘルペスウイルスの研究に従事できたことも、幸運だったと思います。

そもそも私は、初めからウイルス研究者を目指していたわけではありません。私が学生時代を過ごした大学は、一、二年で教養科目を履修し、その成績で三年からの進路が決定されてしまうシステムでした。入学以来軟式野球部での部活に明け暮れていた私は、「東京六大学リーグ」で創部以来初の「準優勝」という成績を仲間と分かち合いましたが、その代償として当時の学業成績はさんざんで、数少ない進学可能な獣医学科に進むこととなりました。

しかし、四年時に獣医微生物学教室でヘルペスウイルスに出あえ、卒業後すぐに当時ヘルペスウイルスに関して世界最先端の研究を行っていた米国のシカゴ大学に留学できたことが、現在につながりました。

帰国後、東京大学医科学研究所に自分の研究室を持つまで、二つの大学で三つの研究室を経由しましたが、学生時代や留学時代の研究室を含め、行く先々で培った人間関係は私の財産です。いや、それだけではありません。高校時代の卓球部仲間や、大学時代の野球部仲間との絆《きずな》も現在の研究生活にとても役立っています。

特に、ほぼ文系の学生だった大学時代の野球部員は、私のような理系人間とは考え方や視点がまったく異なるので、今もお酒を介してつき合い、大いに刺激を受けています。

私はこれまでの人生において、比較的多くの職場を経験してきました。職場を変えることは、望んだ時も仕方ない時もありましたが、うつった職場で最善を尽くせば何とかなり、その上、将来役に立つ多くの人間関係を築くことができる、と実感しています。

新型コロナパンデミックで再認識した「基礎研究」の重要性

ウイルスの研究を始めてから三〇年ほど経《た》った二〇二〇年、とても印象深い出来事がありました。それは言うまでもなく「SARSコロナウイルス2」による新型コロナウイルス感染症のパンデミックです。それまで、一生のうちでこれほど大規模なパンデミックを経験することはないかもしれない、と思っていました。しかし、パンデミックは実際に起こり、国の経済や人々の暮らしに大きな影響がおよぶ事態を見ながら、強く再認識したことがあります。

手前みそになりますが、「ウイルスの基礎研究は大切だ」ということです。パンデミックはある時、突然やってきますが、それがどんなウイルスによるものかわかりません。研究者が少ないマイナーなウイルスが、突如ヒトを死に追いやるパンデミックウイルスに変異したり、それに近縁なパンデミックウイルスが突然出現するかもしれないのです。私の研究対象であるヘルペスウイルスの中から、ある時、感染力と致死率の高いウイルスが出現しないとも限りません。

それに備えるためには、さまざまなウイルスを持続的に研究し、ウイルス研究の底上げをしておくことが急務だと思います。新型コロナで経済も生活の質も深刻なダメージを被ったことを思えば、ウイルスパンデミック対策は国策であり、国防にも匹敵するはずです。私自身、今後も世界最先端のウイルス基礎研究を精力的に推進すると同時に、ウイルス基礎研究の重要性を社会にアピールしていきたいと考えています。

ウイルスが植物にもたらす利点とは?

東北大学 大学院 農学研究科
植物病理学分野 教授

高橋英樹

『万葉集』に詠まれた植物ウイルス

多くの人たちは、「ウイルス」と聞くと、我々人間や動物に感染する病原体、というイメージが最初に浮かぶと思います。しかしウイルスは、植物にも感染するのです。

私たちの研究室では、植物に寄生するウイルスの研究をさまざまな角度から行っています。ウイルスが植物にも感染することが、もっとも早く文字で表されたのは、『万葉集』に収められた次の一首です。

葉脈黄化症状を示したヒヨドリバナ

井上忠男・尾崎武司（1980）日植病報 46: 49-50

この里は　継ぎて霜や置く　夏の野に　我が見し草は　もみちたりけり

孝謙《こうけん》天皇が詠まれた歌で、「この里は年じゅう霜が降りるのだろうか。夏の野で私の見た草は色づいていた」という内容です。

ここでの「草」はヒヨドリバナとされ、のちの研究でその葉が夏から黄色く色づいていたのは、ジェミニウイルスに感染したためだと解明されました。[1]『万葉集』が編まれたのは奈良時代末で、世界的にもこの歌が最古の植物ウイルスの記録、とされています。

一七世紀になると、イラン原産のチューリップがオランダで一大ブームを巻き起こしますが、中でも珍重されたのは、花弁に斑《ふ》が入ったチューリップでした。[2] 斑入りの花を咲かせるチューリップは「ひときわ美しい」と評判を呼び、球根一個がウシなどの家畜一頭と等価交換されるほど高値がついた時期がありました。
実は、愛好家に「美しい」と思われた花弁の「斑」は、ウイルスが起こした病変です。これものちの研究で明らかになり、このウイルスはチューリップモザイクウイルスと名付けられました。

斑入りチューリップの水彩画。Netherlands Economic History Archive の「The Tulip Book」(17世紀)に掲載されたチューリップ品種 Semper Augustus(センペル・アウグストゥス)の水彩画である。斑入りは、チューリップモザイクウイルスの感染に起因することが、後の研究から明らかになった。

植物の生命活動を制御するウイルス

日本で植物ウイルスの研究が本格的にスタートしたのは、一九六四年に農林水産省の「植物ウイルス研究所」が発足してからでした。農作物に病気を発生させる「病原体」としてのウイルスに、注意が集まったのがきっかけです。

私が大学に入ったのは一九七〇年代の後半で、ちょうど「遺伝子」の存在がクローズアップされた時期でした。分子的な実態はまだわからなかったものの、遺伝子一つで生物の性質や特徴が決まるということに魅力を覚え、当時の私は遺伝子関係の教科書を読みふけっていました。

そこにたびたび登場していたのが「ウイルス」という言葉でした。ウイルスはヒトなどの生物に比べ圧倒的にゲノムサイズが小さいため、遺伝子を説明する時のモデルとして、よく取り上げられていたのです。

そこから私はウイルスに興味を持ち、植物ウイルス研究の道に進みました。当時は動物ウイルスと同様、植物ウイルスも植物に対する「病原体」と位置づけされ、病気を起こすメカニズムから研究が始まったのです。

一方、植物ウイルスの中には、感染した植物に病気を起こさないものもあることは、当時から研究者の間で周知されていました。

そもそも人間の手が入らない森林や草原では、多様な植物がバランスを保ちながら生育しています。ウイルスが植物に感染した場合、その植物を完全に枯らしてしまうと、自らも消滅してしまうので、多少の病気を起こす程度に留めてきたのです。

これは動物ウイルスも同じで、新型コロナウイルス感染症を起こすウイルスにしても、感染したヒトすべてには重い病気を発症させず、共生を図りながら仲間を増やしています。

ウイルスと宿主の関係を見ていると、『鏡の国のアリス』に出てくる「赤の女王仮説」のようです。「一つの場所に留まっているためには全力で走らねばならない」というのが赤の女王仮説で、植物とウイルス、あるいは動物とウイルスも、常に変化しながら感染と防御を繰り返しています。感染しても宿主が強ければ増殖できないので、ウイルスは感染力を増強し、宿主側はそれに対する抵抗力をつけて、互いに進化していく。ある時点でどちらかが勝ったように見えても、結局はバランスが保たれていくのです。

植物ウイルスに話を戻すと、山一つ、森一つが消えてしまうような被害が起きないよう、ウイルスが生態系のバランスを保つ役目を果たしてきたと言えます。

ところが地球の人口が増えたことで森林が伐採され、広大な面積が田んぼや畑となって、食糧としてのイネや麦など、単一の作物が植えられるようになってきました。ササニシキ、コシヒカリなど、遺伝的に単一な植物品種が広い面積に植えられた、人工的な状態。これを農業生態系と言いますが、植物側からすれば非常に不自然な状態なのです。

そこにウイルスが感染して病気を起こせば、一気に病気が蔓延《まんえん》して食物生産が滞り、大きな被害をもたらしてしまう。こうした現象をとらえて「病原体」としての植物ウイルス研究が始まったのですが、自然界に生息する植物ウイルスについては、近年ようやく研究されるようになったばかりです。先にも述べましたが、新しい分野の研究で、植物ウイルスの中には、感染した植物に病気を起こさないまま宿主の植物と共生しているものが多数存在していることが明らかになってきました。

「病気を起こす」側面からしか研究されていなかった植物ウイルスの別の面に、スポットが当たったのです。地球上に三〇万種あると言われる植物にウイルスがどのように良い役割を果たしているのか。こちら側の研究にも魅力を感じます。

そこで私たちの研究室では、「植物の病原体としてのウイルス」という発想を転換して、「植物の生命活動を制御するウイルス」の働きを研究することにしました。ウイルスが植物に病気を起こすメカニズムも、まだ解明されていないことはたくさんありますが、病気を起こさないウイルスを研究することによって、新しい知見が得られるかもしれない、と考えたのです。

植物の環境適合を促進するウイルス

私たちが新しい発想で研究を始めたのは五年前ですが、当時すでに米国と英国に先行している研究グループがあり、成果を発表していました。米国のグループからは、ウイルスが感染していると植物の乾燥耐性が強まる、という報告がなされています。日照りが続いて土壌の水分が足りなくなると植物は枯れて死んでしまいますが、ウイルスが感染している植物は乾燥に強く、多少しおれても生命を保ち続けるというのです。

英国のグループからは、ウイルスが感染した植物にはミツバチが多く集まり、受粉率が高まるという報告がありました。植物ウイルスは病気を起こすだけではなく、植物に有益な働きもしているのです。

といっても、ウイルス自体が植物に利益を与えようと考えているわけではなく、自己を増やすことがウイルスの唯一の目的です。乾燥耐性を報告した米国グループの研究では、ウイルスに感染した植物はよくアブラムシを引きつけることも確かめられています。アブラムシはウイルスを運ぶ役目をしますが、アブラムシがたくさんウイルスを運んでくれると、ウイルスとしては仲間を増やすという意味で優位になるわけです。

さて、私たちの研究室では、主にハクサンハタザオという植物を使って、キュウリモザイクウイルス（CMV）の新しい研究をしています。キュウリモザイクウイルスはその名の通りキュウリに感染し、葉に斑を入れてモザイクのような模様にしたり、果実にコブを生じさせるなどの被害を与えます。このウイルスに感染する植物はキュウリだけに留まりません。トウモロコシ、モロヘイヤやメロンなどの野菜、果物からサクラなどの樹木まで、キュウリモザイクウイルスは一二〇〇種以上の植物に感染するため、植物ウイルスの研究によく使われているのです。

私たちもキュウリモザイクウイルスを長年「病原体」として研究してきましたが、現在、このウイルスが感染しても病気を起こさない植物がどれくらいあるか、という観点で調べています。サクラはキュウリモザイクウイルスに感染しても病気を起こしませんが、樹木より小さな植物のほうが実験しやすいので、ハクサンハタザオを研究対象に選んだのです。

植物ウイルスの研究では、最初に全ゲノムが解読されたアブラナ科の一年草・シロイヌナズナがモデル植物として多用されています。私たちが選んだハクサンハタザオもアブラナ科で、分類学上シロイヌナズナにそっくりです。異なるのはハクサンハタザオが多年生植物なこと、つまり茎や葉が枯れても根は残って冬を越し、同じ場所で何年も生きていきます。

キュウリモザイクウイルスがハクサンハタザオに感染すれば、その影響をずっと調べられるため、研究には好都合なのです。しかも、ハクサンハタザオは研究室のある仙台市の近郊に群

キュウリモザイクウイルス（CMV）

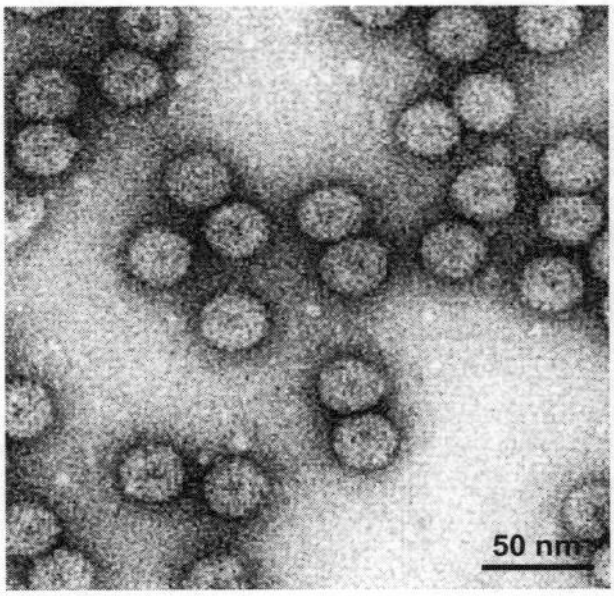

CMV感染モロヘイヤ葉のモザイク病徴

生しているので、学生たちと一緒に採りに行くことができます。

さて、研究成果はどうか。ハクサンハタザオを分析したところ、キュウリモザイクウイルスに感染していましたが、病気は起こしていません。そこで、ハクサンハタザオに感染しているウイルスの遺伝子をシロイヌナズナに入れ、遺伝子組み換え植物を作ったところ、やはり目に見える病気は起きませんでした。

しかし、見かけ上は健全でも、元の植物とは違う特性がいくつか見られたのです。一つは乾燥耐性が強くなったこと。米国の研究グループが発表したデータを、確認することができたわけです。

さらに、高温耐性も強まっていました。四〇度の環境下に一定時間さらしても枯れにくくなっていました。もう一つ、根の成長が促進されたことも確認できたのです。

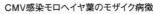

シロイヌナズナ

ハクサンハタザオ

ハクサンハタザオは花が咲き終わる頃には茎が倒れ、茎の途中から出た脇芽からも根が生え、地中の根とともに成長していきます。その根が早く伸びるようになれば、その植物にとって有利になるのです。

今述べたように植物ウイルスは、感染した植物を乾燥や高温という環境ストレスに強くしたり、根の生育を早める効果をもたらすと考えられます。ただし、植物そのものにも環境に耐えうる能力や根を伸ばす能力は備わっていますので、ウイルスがその能力をさらに高める、あるいはそれを補強する働きを持っていることを、データとして示さなければなりません。

これまでの私たちの研究では、ウイルスの感染によって、植物ゲノムの塩基配列は変えずにゲノムの遺伝子発現を調整する働きがあることがわかってきました。

遺伝子の中にはタンパク質を合成してアクティブな

状態にあるものと、活動せずに寝ているものとがあります。

ところがウイルスが感染すると、遺伝子の発現を調節しているＤＮＡ領域に脱メチル化という変化が生じ、遺伝子の発現スイッチを入れたり消したりします。たとえばウイルスに感染した植物が水分不足の環境にさらされた時、それまで寝ていた「乾燥から身を守る」遺伝子を目覚めさせ、それを働かせて乾燥耐性を作るのではないか。あるいは高温に対する耐性や、根を伸長させるのではないだろうか。これはハクサンハタザオではなくシロイヌナズナを使った研究ですが、そのような仮説に基づき、さらに研究を進めているところです。

実験にはちょっとした「職人技」の世界がある

少し話が逸《そ》れてしまいましたが、私たちの研究室では、ほかにもスギのウイルス研究など、ネオウイルス学領域のさまざまな研究を行っています。スギは大きく四つのグループに分かれますが、私たちの大学が所有する農場にすべて揃《そろ》っていますので、そこでサンプルを集めることができます。スギのウイルスはこれまでほとんど研究されていないので、まずはウイルスに感染するのかどうか、初歩からのスタートです。

研究のサイクルとしては、植物に感染するウイルスを採取したら、それを実験室で増やして遺伝子を解析したり、植物に接種して病気が出るか出ないかの応答を確かめたり、ウイルスに対する植物の防御反応を調べたりしています。

動物と同じように、植物にもウイルスを排除しようとする免疫がありますので、その機構が分子的にどうなっているのかも研究対象です。

実験のデータがまとまったら学会で発表し、それをいくつかセットにして英語の論文にまとめ、それが評価されると新しいプロジェクトの予算がつく、というサイクルで研究室が運営されています。

研究者に求められるのは「答えがない課題に対する問題解決能力」ですので、研究に限らず社会に出てから体験することと大差ありません。ですから研究に参加する大学院や学部の学生さんにとっては、卒業後に異なる分野へ進むにしても良いトレーニングになる、と私は考えています。

ところが近年、学生さんたちが私たち教員に答えを求める傾向が増してきました。現在は実験に使用する機械の進歩が目覚ましく、キットやマニュアル本も豊富ですから、「わからないことを自分の力で見つけていく」というワクワク感が薄れているのかもしれません。

もちろん技術の進歩はウイルス学の発展に大きな役割を果たしてきましたし、私自身多大な恩恵を被っています。たとえば、短時間で大量のゲノムを解析できる次世代シークエンサーを導入したことで、ゲノム解析が大幅に時間短縮され、しかも家にいながらスマートフォンで解析状況がチェックできるようになりました。

しかし、ここまで技術が進歩を遂げても、機械に載せるサンプルの調整など、実験には「職人技」とも言うべき、ちょっとしたポイントが必ずあるのです。研究室の学生さんたちには、そのあたりを伝えていきたい、と考えています。

今の学生さんは価値観も多様ですし、一人一人が卒業後に進みたい道に行けるよう、オーダーメイドの教育も必要ですが、みんなが研究の楽しさを知って、そのまま研究職に就けるような環境作りをしてあげることも私の使命だと認識しています。

註

（1） 井上忠男・尾崎武司「植物ウイルス病に関するもっとも古い記録とみられる万葉集の歌について」日本植物病理学会報、四六巻第一号、四九—五〇ページ、一九八〇年

（2） Brunt Alan, Walsh John. "'Broken' tulips and Tulip breaking virus". *Microbiology Today* (*Microbiology Society*) May 2005: 68-71, 2005.

第二章　共に進化する宿主とウイルス

野生動物のウイルス調査で、未来の感染症に備える

北海道大学 人獣共通感染症リサーチセンター
分子病態・診断部門 教授
澤 洋文

人獣共通感染症に特化した初の機関「北海道大学・人獣共通感染症リサーチセンター」

二〇一九年末から世界中に感染が拡大した新型コロナウイルス感染症（COVID-19）のように、新しく流行して公衆衛生上問題となる感染症は、新興感染症と呼ばれています。それに対し、結核など、かつて流行して社会に影響を与え、いったん終息したかに見えて、再び社会を脅かす感染症を再興感染症と呼びます。

新興感染症と再興感染症を合わせたうちの七割程度は、ヒトにも家畜などの動物にも共通し

た病原体が引き起こす人獣共通感染症です。身近な例としては、前述したSARS-CoV-2ウイルスによるCOVID-19、インフルエンザウイルスが引き起こすインフルエンザや、エボラウイルスによって発症するエボラウイルス病などがあります。

インフルエンザウイルスは、もともと野生のカモの体内にいるウイルスで、カモにはまったく病気を起こしません。カモの体内に入ったインフルエンザウイルスは、静かにカモと共生し、一緒に進化します。

しかし、カモと共生していたインフルエンザウイルスが、ニワトリやアヒルなどの家禽《かきん》類、あるいは家畜のブタなどに感染を繰り返すうちに変異して、ヒトに感染するインフルエンザウイルスが誕生しました。

エボラウイルスは野生のコウモリと共生していたウイルスが、ヒトに伝播すると重篤な症状を呈する感染症を起こすと考えられています。

ウイルス性の病気が社会に蔓延すると、「ウイルスとの戦いに勝つ」「ウイルスを撲滅する」という声が起こりがちです。しかし、ヒトにも動物にも感染するウイルスの場合、地球から完全になくしてしまうことは事実上不可能、と言えます。インフルエンザウイルスを例にとると、自然界の宿主であるカモを絶滅させ、周囲の環境もすべて変化させなければインフルエンザウイルスを撲滅することはできません。

一方、森林開発などで野生生物とヒトの生活圏との距離は縮まり、ウイルスが家畜やヒトに伝播する機会は増えています。しかも、貿易や国際交流が盛んになり、食糧や人間などの移動によって、感染症を起こすウイルスは全世界へと素早く運ばれていくのです。

そこで、こうした感染症の流行を先回りして予測し、さまざまな対策を立ててコントロールしていくことが大切になります。自然界の生物と共生しているウイルスを数多く検出し、病原性や伝播経路などを調査して感染症の発生予測や予防、制圧を総合的に進めるのです。

北海道大学の人獣共通感染症リサーチセンター（CZC、以下、人獣センター）は、こうしたミッションを遂行する目的で、二〇〇五年に設置されました。

元来、ヒトに感染するウイルスの研究は医学、ヒト以外の動物が保有するウイルスの研究は獣医学と領域が異なります。その上、医学は厚生労働省、獣医学は農林水産省と行政の管轄も分かれているので、人獣センターが発足した当時、人獣共通感染症に特化した組織は日本に一つもなく、世界的にも初めての試みでした。

先頭を切った人獣センターには、医学、獣医学、薬学、工学などさまざまな分野の人材が結集しています。私は医学分野の基礎研究をしていたのですが、ザンビア共和国のザンビア大学に人獣センターの研究所を設置してからは、当地での疫学調査やフィールド調査にも深く関わるようになりました。

ヒトに重大な感染症をもたらす「蚊」と「マダニ」のウイルスを調査

人獣センターの拠点をザンビア大学に置いたのは二〇〇七年ですが、それ以前からザンビア大学獣医学部と北海道大学獣医学部とは、協力関係を続けてきました。動物の多さに比べ、圧倒的に獣医師が不足していたザンビアで、ＪＩＣＡ（国際協力機構）が獣医師を育てるプロジェクトを立ち上げた時、北大がザンビア大学に獣医学部を設立するお手伝いをしたのです。以来、北大の教員がザンビア大学で教鞭《きょうべん》をとり、また、留学生を北大に受け入れるなど三十余年の交流があります。

ちなみに、北大獣医学部が舞台のマンガ『動物のお医者さん』（作品では「Ｈ大」）に、アフリカ通の漆原信《うるしはらまこと》という教授が登場したのをご記憶の方もおられるかもしれません。あの人物はザンビアでの教育にも携わっていた、金川弘司先生、橋本信夫先生という実在の教授がモデルです。

私自身は人獣センター内の分子病態・診断部門の代表として、二〇〇六年に初めてザンビアの地を踏み、ザンビア大学に人獣センターの拠点を構える準備をしました。生まれて初めてのアフリカ渡航で非常に緊張しながら、出発前、同行者に「昆虫だけは絶対に食べられません」と宣言したことを鮮明に覚えています。

現地で出会ったザンビアの研究者は、シャイで、やさしく、それでいて陽気でした。長年の交流で信頼関係が結ばれていたこともあって、人間関係のストレスもなく準備は進みました。ザンビアで疫学的な調査を行う我々に現地で協力してもらい、我々はザンビアおよびアフリカ諸国の公衆衛生に貢献する、という協力体制がすぐに構築できたのです。

きわめて普通のことと思われるかもしれませんが、実はこのようにスムーズに話が進まないプロジェクトも少なくありません。外国の組織と共同研究をする時は、ビジネスライクに「お金の配分」から話が始まり、ゴールに到達するまでの時間が長くかかるほうが普通です。

私たち分子病態・診断部門のメンバーは、年に二、三度、チームを組んでザンビアへサンプル採集にでかけます。これまでブタ、ニワトリといった家畜類からネズミ、モグラ、コウモリなど多くの動物をターゲットにしてきましたが、現在は節足動物の蚊とマダニのウイルスを中心に調査を進めているところです。

蚊やマダニのウイルスはヒトに多くの感染症を引き起こしますので、そのウイルスを詳しく調べることは感染症の対策に役立ちます。

近年、蚊やマダニのゲノムには、ウイルスに由来するゲノムが含まれていることがわかってきました。かつて蚊やマダニに感染したウイルスが、そのまま蚊やマダニのゲノムに組み込まれた証《あかし》です。これを内在性ウイルスと言いますが、こうした現象から蚊やマダニとウイルスの関係性を調べています。ウイルスが宿主におよぼすプラス面、また、宿主と共存するウイルスの存在意義、ウイルスと宿主の共進化過程など、私たちはネオウイルス学的な探究もしているのです。

蚊とマダニのチームでは、大場靖子先生が蚊のウイルス、松野啓太先生がマダニのウイルスのスペシャリストとして、生物の採集からサンプル作り、ウイルスの解析まで中心的に手がけています。大場先生のフィールド調査については第五章に掲載されていますので、ここでは松野先生のマダニ調査を例にとって、節足動物の感染症や、ウイルスと宿主との共進化について簡単にご説明いたします。

マダニは、野山や草むらに潜み、ヒトや動物が近づくとくっつき、寄生して血を吸う節足動物です。四つ足の動物がいるところにはどこでもいますし、渡り鳥に寄生して運ばれるので、

ザンビアでのマダニハンティング風景

ハンティングのフィールドも世界規模になります。

松野先生の調査フィールドも日本、アフリカ、南米、フィジーと幅広く、多い年は年間九〇日ぐらい、外でマダニを追いかける生活です。

ザンビアには冬に訪れ、大きな白い旗状の道具で草むらをなでながらマダニを捕獲しています。マダニは、近くにヒトや動物がやってくると、すかさずくっつくので、白い布でさっとなでるだけで、生きた動物と勘違いしてくっついてくれます。

一見楽な捕獲法ですが、ザンビアではマダニが生息する草原にコブラ以上の猛毒を持つヘビであるブラックマンバが潜んでいますから、決して気は抜けません。マダニ自体も危険で、咬《か》まれるだけで患部が腫れあがりますし、マダニが持つウイルスにも病原性の強いものがいます。

二〇一一年に中国で発見された、ＳＦＴＳウイルス（Severe Fever with Thrombocytopenia Syndrome＝重症熱性血小板減少症候群ウィルス）が、その代表です。感染すると、軽い場合は発熱、嘔吐《おうと》、下痢、血小板数や白血球数の低下などに見舞われ、重症化すると全身に出血症状が起こり、アジア各国で毎年死亡例が報告されています。

二〇一二年には日本でも一人の死亡者が確認され、その後も年間四〇～一〇〇人程度の感染者が出ています。ＳＦＴＳウイルスはネコやイヌにも感染し、二〇一七年には広島県の動物園で二頭のチーターがＳＦＴＳウイルスに感染して死にました。ペットのネコだけでなく、ネコ科の大型動物まで殺す力があるのです。

ＳＦＴＳウイルスと並んで危険なマダニのウイルスは、脳炎を起こすもので、その原因ウイルスは、ダニ媒介脳炎ウイルスです。中部ヨーロッパ脳炎、ロシア春夏脳炎など、発生地域にちなんだ病名がつけられています。

日本では一九九三年に北海道で初めて感染例が見つかりました。ＳＦＴＳウイルスと同じく、ダニ媒介脳炎ウイルスもヒトだけでなく、ウマ、イヌ、鳥など身近な生き物にも病気を起こす人獣共通感染ウイルスです。

松野先生は市立札幌病院と共同で、北海道でマダニに咬まれた患者さんから新規ウイルスを検出しました。エゾウイルスと名付けられたこのウイルスについては、わかっていることがほとんどないため、どのようなウイルスなのかを今まさに調べているところです。

インフルエンザウイルスや新型コロナウイルスなどは、感染したヒトから近くにいるヒトへとうつっていきますが、マダニのウイルスはマダニからヒトの皮膚へ注入されます。私たちの体には、口や鼻からウイルスが侵入した時、粘膜や線毛など、ウイルスを排除する防御機構がありますが、マダニのウイルスはマダニが血を吸う時、皮膚から直接体内に注入されてしまうのです。

マダニとマダニのウイルスは共に進化を続けてきた

ザンビアや各地で採集したマダニは、人獣センターの研究室に持ち帰り、一匹一匹すり潰して培養細胞にふりかけます。マダニにウイルスが入っていれば培養細胞の中で増えていくので、ウイルスが検出できるのです。これを「分離培養」と言います。

次に、分離培養したウイルスの性状を調べていきます。たとえばマウスにそのウイルスを接種して、病気を発症するかどうか。あるいはマウスに抗体を作らせ、その抗体とほかのウイルスとの適合性を確認し、また、ウイルスのタンパク質が哺乳動物の免疫にどう作用するかなど、さまざまな角度からウイルスを調べるのです。こうすることで、そのウイルスの危険レベルを見極めていきます。

こうした研究を続けるうち、その副産物とも言うべき成果が報告されるようになりました。マダニに寄生しながら、病気を起こさないウイルスが次々見つかったのです。

先に紹介したＳＦＴＳウイルスはフタトゲチマダニやタカサゴキララマダニなど、複数のマダニをもともとの宿主とし、そこからヒトやネコ、イヌなどに乗り移って病気を起こします。フタトゲチマダニとタカサゴキララマダニは、ＳＦＴＳウイルスのほかにそれぞれ固有の寄生ウイルスを持っていますが、そのどれもがヒトには病気を起こしません。

そこで松野先生は、フタトゲチマダニとタカサゴキララマダニの進化と、それぞれを唯一の宿主とするウイルスの進化を調べ、系統樹を作ってみました。その結果、それぞれのウイルスが宿主のマダニと歩調を合わせるように進化を遂げてきたことがわかってきたのです。私たちの世界では、これを「共進化」と呼んでいます。

マダニにしてみれば、延々と同じ系統のウイルスに「ただ乗り」されている構図にも見えますが、マダニのほうもウイルスから何か恩恵を受けている、と私たちは考えています。たとえばそのウイルスが常にいることで、ほかの寄生虫が侵入してくるのを防ぐなどの役割があるかもしれないと仮定し、病原体としてのウイルス研究と並行して研究を進めています。

松野先生はマダニのウイルスがいつかヒトに大きな打撃を与えるウイルスになりうるかもしれないと考え、「マダニのウイルスをシラミ潰しに全部調べる」ことを目標にしています。ダニを「シラミ潰しに」というのはおもしろい表現ですが、頼もしい限りです。

渡航五〇回を超えたザンビアの役に立ちたい

さて、マダニの例をとって私たちの活動の一端を紹介してきましたが、私自身も松野先生や大場先生たちのグループと一緒に、ザンビアで調査を行っています。どのグループも若い研究者が多いため、私のような五〇代後半の者も行ったほうが、「年配の研究者も来て、北大も頑張っている」と先方が感じ、信頼関係がより深まるかもしれない、と考えてのことです。

それになにより私自身、ザンビアにシンパシーを感じてリピートしてしまう側面もあります。

ザンビアでのフィールド調査に参加した方々

魅力は四つあって、まず一つ目はアフリカが人類の発祥地だということ。二つ目は、空が非常に広いこと。日本の中では北海道が「空が広い」と言われますが、北海道育ちの私が驚くぐらいザンビアは「見渡す限り空」で、地球を感じます。

三つ目の魅力は、野生動物の種類も総量も多いので、ウイルスハンティングのフィールドとして最高なこと。しかし、裏を返せばザンビアの人々が常にウイルスや細菌の感染症に悩まされている、ということでもあります。コレラ、マラリア、結核、その他まだ原因が知られていないような感染症もあり、衛生状態も悪い。赤ちゃんのうちに病気で亡くなる例も多いため、ザンビアの平均寿命は六〇歳代です。

結核に関しては、人獣センターの鈴木定彦先生が中心になって、診断法を伝授していますが、私たちの研究も何かザンビアの人たちの役に立てたらいいなと思っています。ザンビアで感じる四つ目の魅力が「人の良さ」なので、よけいにそう思うのです。

ゾウやライオンなどとの遭遇、灼熱《しゃくねつ》の太陽、現地の人々との時間感覚の大きな隔たりなど、危険や不便さはついて回りますが、気がつけば私はザンビアの地にハマっていました。

「アフリカの水を飲んだ者はアフリカに戻ってくる」

最初にザンビアを訪れた時、こう言われました。アフリカではよく言われる言葉だそうですが、正直に言うとこの時は「自分の場合、それはないな」と感じたものです。しかし、数えてみればザンビアへの渡航は五〇回を超え、新しいウイルスも数十種類発見しました。疫学的な調査地もザンビア周辺国まで広がっています。

アフリカでの疫学調査は体力勝負でもあるので、大学にいる時は学部生に交じってサッカーやフットサルに興じて体力強化に励んでいます。

もちろん体力強化だけをしているわけではありません。人獣センターに近々新しい電子顕微鏡が入るので、これまでザンビアで採ってきたウイルスを使っていろいろな解析をし、感染症対策やネオウイルス学に貢献したいと思っています。

ヒトの染色体に組み込まれたボルナウイルス

京都大学
ウイルス・再生医科学研究所 教授
朝長啓造

ウイルスは生物進化にどのような役割を果たしたのか？

新型コロナウイルス感染症の流行をきっかけに、「ウイルス」に関連する情報がメディアにあふれました。今では一般の方にも、ウイルスは突然やってくるものではなく、いつでもどこにでもいるものだと、認識していただいたと思います。

しかし、ヒトのゲノムの中にも、ウイルスに由来したゲノムが組み込まれていると言えば、多くの人は驚かれるかもしれません。実は、ヒトだけでなく、ウイルスのゲノムが生物に組み込まれている例は多数発見されているのです。生物のDNAに組み込まれているウイルスのゲノムを「内在性ウイルス」と言いますが、ヒトの全ゲノムのうち、およそ八％がウイルス、特にレトロウイルスと呼ばれるウイルス由来のゲノムだとわかってきました。ヒトのゲノムの中で、タンパク質を作ることができる遺伝子の割合は二％程度です。このことを考えると、ウイルスに由来する領域がいかに多いかがわかると思います。

内在性ウイルスから感染性のあるウイルスができてくることはまずありません。一方で、内在性ウイルスから作られるタンパク質が生物の生存に影響を与えていることが、近年の研究からわかってきました。たとえば、我々ヒトを含む哺乳類が胎盤を形成する時に、ウイルスから取り込んだゲノムを利用しているということも解明されています。

私たちは、ボルナウイルスの研究を中心に行っていますが、二〇一〇年にこのウイルスと非常に似た遺伝配列が複数、ヒトを含むたくさんの哺乳動物のゲノムの中に入っていることを発見しました。そしてこれらを「内在性ボルナウイルス」と名付けました。

ヒトで見つかった内在性ボルナウイルスの多くは、約四五〇〇万年前、類人猿の共通祖先にボルナウイルスが感染した痕跡だとわかっています。

それがいったい何を意味するのか、ウイルスは生物の進化にどのような役割を担っているのか。それが私たちのメイン研究テーマです。

これまでに、内在性ボルナウイルスから作られるタンパク質やＲＮＡが、新たに侵入してくるボルナウイルスの感染や増殖を抑えることがわかりました。このことは、生物が感染してきたウイルスのゲノムを自らのゲノムとして取り込み、進化・生存に利用してきた可能性を示すものです。

内在性ボルナウイルスに由来するタンパク質やＲＮＡは、感染を防御する以外にも遺伝子の発現を調整したり、細胞の生存に影響をおよぼしたりすることもわかってきました。

しかしこれは培養細胞での実験結果で、実際にヒトの体の中で同じことが起こりうるのか、もしくは昔起こっていたのかに関しては、まだ少し謎が残っています。現在は、この謎を解明すべく研究を進めています。

内在性ボルナウイルスの研究で、ウイルスと宿主の共進化メカニズムを明らかにするとともに、生命進化におけるウイルスの存在意義を解き明かすのが、私たちの命題です。

ヒトゲノムにボルナウイルスの足跡を発見

ところで、ボルナウイルスについて、一般の方はほとんどご存知ないことと思います。ボルナとは、ドイツのザクセン州にある町の名前です。一九世紀末に現在のドイツ南東部のウマに神経性の疫病が大流行しました。一八九四年にはボルナにおいて軍馬が多数感染し、その多くが死亡しました。その後、この疫病は「ボルナ病」と呼ばれるようになっています。

二〇世紀に入り、その原因ウイルスが見つかり「ボルナ病ウイルス」と名付けられました。ボルナウイルスとは、このボルナ病ウイルスを含むウイルスの広い分類名（科）になります。

現在、ボルナウイルス科には哺乳類に感染するボルナ病ウイルスに加え、鳥に感染する鳥ボルナウイルスなど、数種類のウイルスが見つかっています。

さて、ボルナ病ウイルスは脳組織に感染し、それ以降もたびたびウマに脳炎を起こしていましたが、多くの場合は慢性的な感染で、それほどひどい症状を起こしません。ヘルペスウイルスのように宿主の細胞内にじっと潜み、ときおり歩行異常や行動異常を起こすのです。

ところが、たまにヒトに脳炎症状を起こすことがあり、その場合は非常に致死的な疾患になることが知られています。初めにボルナ病ウイルスが発見されたのはウマからでしたが、ヒツジやネコなどさまざまな動物に感染し、ヒトも例外ではありません。ドイツでは、原因不明の脳炎で亡くなった方の中に複数名、ボルナ病ウイルスに感染していた人がいることが近年の研究でわかってきました。

一方で、ボルナ病ウイルスときわめて似通ったウイルスが特定の種類のリスに感染しており、リスと接触があったヒトに感染してやはり脳炎で死亡していたことも報告されています。現在、ボルナウイルス感染症は、人獣共通感染症としても注目を浴びています。

長い間、ボルナ病ウイルスは、ヨーロッパ中部のウマに見られる風土病の原因ウイルスであると考えられていましたが、一九八五年に、「ボルナ病ウイルスがヒトの精神疾患との関連がある」との報告があり、そこから本格的な研究が世界中でスタートしました。

しかし、生きているヒトの神経組織に潜むウイルスを見つけることは、当時の技術では至難の業でした。結局、どこからも著しい研究成果は報告されず、二〇〇〇年を迎える頃にはボルナ病ウイルスの研究者はほとんどいなくなってしまいました。

私がボルナ病ウイルスの研究を始めたのは、アメリカ留学から帰国し、北海道大学に入った一九九八年、ちょうどボルナ病ウイルス研究が下火になろうとしていた時です。

北大でお世話になった生田和良先生（現・大阪健康安全基盤研究所）がＨＩＶウイルスとボルナ病ウイルスの研究をされていて、どちらかを手伝うように言われました。それまで私はずっと、ＨＩＶと同じレトロウイルスの研究をしていたので、系統の違うＲＮＡウイルスのボルナ病ウイルスを選んだのです。その後、東京大学、大阪大学、京都大学と所属先を変えてもボルナ病ウイルスの研究を継続し、つき合いはすでに二〇年を超えました。

私がボルナ病ウイルスの研究を始めた当時、このウイルスがヒトのＤＮＡに組み込まれているとは、誰一人、想像もしていなかったと思います。

その当時、すでに内在性のウイルスはいくつも発見されていましたが、どれもレトロウイルスに分類されるものでした。ボルナウイルスはＲＮＡウイルスですので、それが生物のゲノムＤＮＡに取り込まれることはありえない、というのが当時の常識だったのです。

どういうことか、簡単にご説明しましょう。

レトロウイルスは、ゲノムとしてはＲＮＡを持っていますが、ＲＮＡウイルスとは複製の仕方が異なります。どちらも宿主の細胞内で複製を行いますが、レトロウイルスはもっと奥の「核」の中に入り込まないと複製ができません。

核の中でレトロウイルスが複製するためには、ゲノムのＲＮＡをいったんＤＮＡに読み替える必要がありますが、レトロウイルスは優れた武器を持っているのです。その武器とは自らの力でＲＮＡをＤＮＡに変える酵素で、これを「逆転写酵素」と言います。

こうして感染した細胞の核に入り込んだレトロウイルスは、核内にある宿主のゲノムに自分のゲノムを組み込ませ、同じゲノムだと宿主に認識させてコピーを増やしていくのです。

　宿主のゲノムにウイルスのゲノムを内在化させる仕組みもこれと同様です。子孫を作る生殖細胞でレトロウイルスの感染が起こると、ゲノムに組み込まれたウイルスのゲノムは子孫へと受け継がれていくことになります。これが内在化です。感染した宿主のゲノムに自らのゲノムを組み込む仕組みで複製するウイルスはレトロウイルス以外には知られていませんでしたので、長い間「レトロウイルス以外に内在化を果たせるウイルスはない」と、誰もが考えていました。

　しかし、ボルナ病ウイルスの研究を始めた私は、このウイルスが生物のゲノムに取り込まれていてもおかしくない、と考えて、ほかの研究者が手を引き始めていたボルナ病ウイルスの研究を続けることにしたのです。

　先に述べたようにボルナウイルスはRNAウイルスですが、宿主への寄生の仕方や複製の方法がほかのRNAウイルスとまったく異なります。多くのRNAウイルスが細胞質と呼ばれる場所で複製するのに対して、ボルナウイルスはレトロウイルスと同じ核の中で、細胞を壊すこともなく、静かに感染を維持しながら増えるのです。これを「持続感染」と呼びます。

　私は逆転写酵素を持たないRNAウイルスがどのようにして核の中で静かに増え続けることができるのかを知りたく、研究を続けました。その結果、このウイルスは細胞の核の中で染色

RNAウイルスとレトロウイルスの感染の仕組み

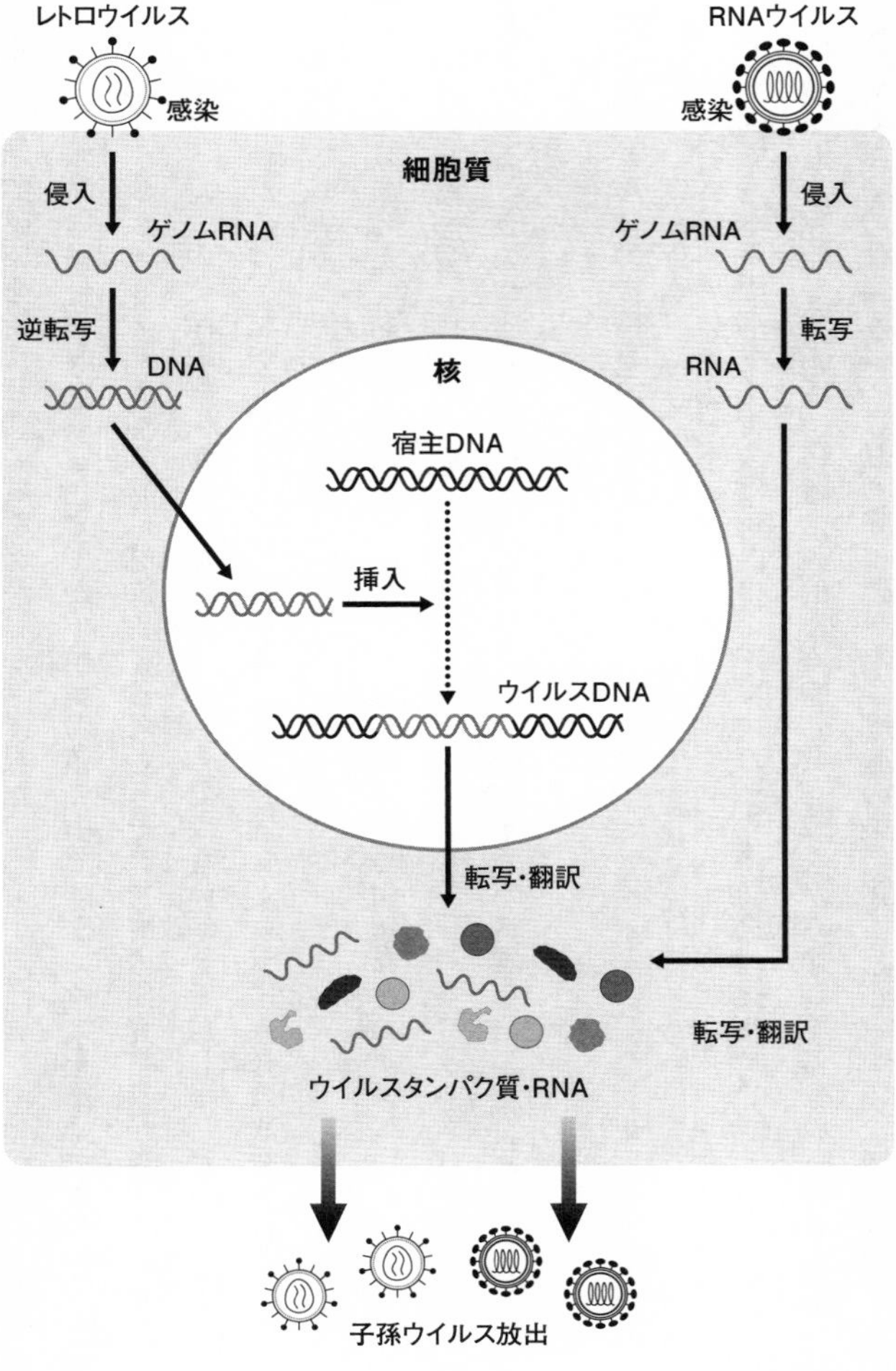

体にしがみついて感染を維持していることがわかりました。

レトロウイルスとは仕組みが異なりますが、細胞の核の中で静かに感染を維持できるという性質と、ボルナ病ウイルスも生殖細胞に感染できるというそれまでの研究結果から、もしかしたらボルナウイルスの遺伝子も生物に内在化しているのではないかと予想しました。そのような考えにいたったのは、私がアメリカでの留学時代に内在性レトロウイルスの研究を行っていたことも関係していると思います。

予想は当たりました。調べ続けた結果、ヒトや霊長類、げっ歯類などのゲノムに内在性ボルナウイルスの足跡を見つけたのです。「生物のゲノムに内在化しているウイルスはレトロウイルスだけである」という、五〇年以上信じられていたそれまでの常識を覆したことになります。

ボルナ病ウイルスの特徴を活かした「ベクター」開発

前述した通り、ボルナ病ウイルスはレトロウイルスのように細胞の核の中で増えていきます。この時、感染した細胞を殺さず、ほぼ永続的に細胞と共存しながら複製するという性質を持っているのです。その仕組みは、これも先に述べた「細胞の染色体にしがみついて増える」ことが関係しています。

私はこのボルナ病ウイルスの特徴を活かしてベクターが開発できるのではないか、と考えました。ベクターとは遺伝子の運搬役のことで、遺伝子治療や再生医療、そしてがんの治療などにも活用されています。

ベクターにはDNA分子やRNA分子も利用されますが、宿主の細胞に入り込んで遺伝子を発現させるウイルスは非常に使いやすいため、医療分野での遺伝子治療にはウイルスベクターが欠かせないツールになっています。

ボルナ病ウイルスをベクター利用するためには、まずこのウイルスを人工的に合成できるようにしなければなりません。私たちは独自に開発を進め、人工的にボルナ病ウイルスを作る技術を確立しました。ボルナ病ウイルスのベクター開発を始めたのは一五、六年前ですが、ベクターそのものはすでに完成しています。

人工合成もウイルスベクター開発も、すべて私たちのオリジナルです。ボルナウイルスの研究者は世界的にも少ないため、何でも自分たちで開発していかなければなりません。

ウイルスベクター事情を少しお話しすると、すでにベクターとして利用されているウイルスは多数あります。中でもレンチウイルスとアデノ随伴ウイルスが二大巨頭と言えます。これら二つのウイルスベクターは、研究者も多く、技術も進歩しており、作製や取り扱いも容易です。しかし、この二つにはデメリットもあるのです。

レトロウイルスの一種であるレンチウイルスの場合は、先ほどの内在性の話ともつながりますが、一〇〇％の確率で細胞のゲノムにベクターの遺伝子が入ります。細胞のゲノムの中のどの場所にベクターが入り込むかは予測がつきません。そのため、レンチウイルスベクターを細胞内に入れた時、細胞が誤ってがん化してしまうことがあるのです。

レンチウイルスベクターは一度体の中に入れるとゲノムの中に入り込んでしまいますので、二度と排除することができません。その意味で、危険が伴うのです。

また、アデノ随伴ウイルスの場合、分裂もしくは増殖が盛んな細胞の中では、遺伝子を長期間発現することが難しいというマイナス点があります。ですので、ｉＰＳ細胞を含む幹細胞など、盛んに分化、増殖するような細胞などでは効果が衰弱して使いにくいのです。

一方、レンチウイルスベクターとアデノ随伴ウイルスベクターのマイナス点を補うべく開発を進めたボルナウイルスベクターは、それを「克服できる」ことがわかってきました。先に、ボルナウイルスは内在化すると言いましたが、レンチウイルスと比べ、このウイルスの遺伝子が感染した細胞のゲノムに組み込まれる可能性はほぼゼロに等しいほどで、ベクターを導入した細胞をがん化させる恐れはまずありません。

また、細胞の染色体にしがみついて長期間にわたり感染を維持できるという性質から、さまざまな細胞へと分化・増殖する幹細胞においても、治療などに必要な遺伝子を長時間発現し続けることができるのです。この性質を活かして、再生医療やｉＰＳ細胞を用いた遺伝子治療、幹細胞を用いた遺伝子治療などに応用できるのではないかと考えています。

ボルナウイルスは、もともと神経細胞に入りやすいウイルスです。そこで、その特徴も活かしたベクターの応用も進めています。中枢神経系や脳の病気を発症させたモデル動物に、ボルナウイルスベクターで必要な遺伝子を届ける実験です。

アルツハイマー病も実験の対象で、アルツハイマーの原因遺伝子を分解するような酵素を脳内に送り込む実験を進めています。脳内に遺伝子を届けることにおいて、ボルナウイルスベクターは利点があります。ほかのウイルスベクターと比べ、このウイルスベクターは脳内に侵入しやすい仕組みを持っていることです。

ボルナ病ウイルスは、ウマなどの動物に感染する際には、鼻の奥にある嗅覚神経を通って脳内に入り込むと考えられています。ボルナウイルスベクターも、ラットの鼻の中に垂らすだけで簡単に脳の中まで侵入させることができます。つまり、脳内で遺伝子を発現させるために針や手術などの方法を使わなくてよいのです。

あと五、六年先にはボルナウイルスベクターを世に出したい、と考えて進めていますが、焦りは禁物です。細胞レベル、動物実験レベルで良い結果が得られても、果たして病原性が本当になくなったのか、ヒトが使う時にどういうことが起きるか、まだまだ検証は続きます。

ウイルスベクターはウイルスをベースに作られますので、「病原性が本当にない」と証明できるまで、高いハードルをいくつも越えなければなりません。それをできる限り早くクリアしたいと思っていますが、ボルナウイルスにはベールに包まれた部分がまだ多く残っています。

初めに述べたように、つい最近、ドイツで原因不明の脳炎によって亡くなった患者の脳を調べたところ、非常に高い割合でボルナ病ウイルスの感染が見つかったと報告されました。ドイツ以外ではどうなのか。どのようなヒトがボルナ病ウイルスに感染して脳炎を発症しやすいのか。ボルナ病ウイルスのヒトに対する病原性も再度詳細に調べていかなくてはならない、と思っています。

ボルナ病ウイルスがもたらすボルナ病は、ヨーロッパなどの一地方だけに起こる病気なのかも、まだ謎です。世界各国で輸出入が多く行われているウマが、静かに世界中へ感染を広げているかもしれません。

実は日本の北海道にもボルナ病のような症状を示したウマやウシがいる、と北海道の酪農学園大学の先生たちから報告を受けています。そのウイルスがどこからやってきたのか、それも追っていきたいと思います。

リスに感染している新型ボルナウイルスの病原性も明らかにしなくてはいけません。アジアの国々にも、ヒトへの病原性が高いこの新型ボルナウイルスに感染できる種類のリスが生息しています。人獣共通感染症としての危険性は重要です。

一方、今回は詳しくは述べませんでしたが、鳥ボルナウイルスの蔓延も世界的な脅威になっています。鳥ボルナウイルスは主にオウムやインコに腺胃拡張症と呼ばれる予後不良の神経疾患を起こします。今、世界中で、ペットとしてオウムやインコを飼育、販売している場所で、鳥ボルナウイルスの流行が問題になっているのです。

二〇年以上続けていてもボルナウイルスに関する研究はまだまだ尽きません。今後、私たちの研究が、ウイルスと宿主の共進化を明らかにし、生命進化におけるウイルス感染の本来の意義に関して新しい方向性を示せるかもしれません。

また、誰も成功していないボルナウイルスベクターの実用化により、これまでは難しかった遺伝子治療が可能になるかもしれません。ボルナウイルスによる疾患に対しても、私たちの研究で治療薬の開発が可能になればと思っていますし、そこが研究者のおもしろみだとも思っています。ボルナウイルスとのつき合いは、これからもずっと続きそうです。

C型肝炎ウイルスはなぜヒトの肝臓で増殖するのか

大阪大学
微生物病研究所 教授
松浦善治

特効薬の登場で変わる研究目的

病原体としてのウイルスを研究している我々は、ある矛盾を抱えています。仮にAというウイルスの研究で成果をあげた場合、製薬会社がそのデータを活用してAウイルスが起こす感染症の特効薬を創ったら、Aウイルスに対する研究費が削られ、研究はその時点で終わりを迎えてしまうのです。

実は、私がメインに研究しているC型肝炎ウイルスでも、そのような事態が起きました。C

型肝炎ウイルスの、あるタンパク質に結合する低分子化合物が、ウイルスの増殖を効率良く阻害することがわかったのです。

化合物とは化学反応によって元素が結びついてできる物質ですが、それをマイクロ、ナノ単位よりさらに小さいピコモル単位加えるだけで、C型肝炎ウイルスの複製を完全に止めてしまう……その報告を聞いた時はびっくりしました。

その化合物が発表されたのは二〇〇八年で、会場にいた私は「これでC型肝炎は根治できる！」と感動しながら拍手をしたことをよく覚えています。

その後、多くの製薬会社の開発競争を経て、さらに効果が向上し、一日一回、二ヵ月間飲み続ければ九九％の人がウイルスを除去できるようになりました。それまではインターフェロンを注射する治療が行われていましたが、副反応も強く、治る人は三割程度でした。それに比べ、新しいC型肝炎治療薬は副反応もほとんどありません。ウイルス感染症の治療薬の中で、群を抜いて素晴らしい薬だと思います。

C型肝炎ウイルスの研究を長年続けてきた私としては感慨深い出来事でしたが、一方で私の研究目標も変えざるをえませんでした。C型肝炎ウイルスを研究していた多くの仲間は、B型肝炎ウイルスへシフトしていきました。

しかし、私は現在もC型肝炎ウイルス研究をやめていません。しつこく継続しているのは「研究者の意地」もありますが、このウイルスにはまだ謎があることが大きな理由です。

その話題にうつる前に、肝炎ウイルス全体について少し説明します。ウイルス性肝炎は非常に身近な疾患ですが、肝炎ウイルスは一般の方にはあまりなじみがないと思います。

肝臓に潜み続ける肝炎ウイルス

ヒトに肝炎を起こすウイルスは、大きく分けてA、B、C、D、Eと五つのウイルスが知られています。A型肝炎ウイルスは一過性の急性肝炎を引き起こしますが、日本ではあまり発生がありません。B型肝炎ウイルスは急性と慢性の肝炎を発症します。D型肝炎ウイルスは、B型肝炎ウイルスに感染した患者の肝臓で複製するウイルスですが、A型同様日本での発生はありません。

E型肝炎ウイルスは、ブタやイノシシが持っているウイルスです。日本の養豚業は非常に清潔な環境で営まれていますが、ほとんどの食用豚はE型肝炎ウイルスに感染しています。

このウイルスはブタやイノシシには病気を起こしませんが、ヒトが感染すると激しい肝機能障害を起こし、劇症肝炎で亡くなる例もあります。「豚肉は生で食べるな」と言われるのは、加熱調理しないとE型肝炎ウイルスに感染してしまう、というのが主な理由です。

さて、最後に残ったのがC型肝炎ウイルスです。A型でもB型でもない肝炎ウイルスの存在は、一九七八年のアメリカ国立衛生研究所のハービー・アルター（現・米・ロチェスター大学）らのチンパンジーの感染実験でわかっていましたが、一九八九年にアメリカ・カイロン（Chiron）社のマイケル・ホートン（現・カナダ・アルバータ大学）らによって原因ウイルスの遺伝子がクローニングされ、C型肝炎ウイルスと命名されました。遺伝子のクローニングにより、C型肝炎ウイルスの基礎研究は急速に展開し、チャールズ・ライス（現・米・ロックフェラー大学）のグループはこの激動の時代を牽引《けんいん》しました。そして、二〇二〇年のノーベル生理学・医学賞は、C型肝炎ウイルスの発見に貢献した、アルター博士、ホートン博士、ライス博士の三名が受賞しました。

ヒトがC型肝炎ウイルスに感染すると、三割は自然にウイルスが消えてことなきを得ますが、残り七割は肝臓でウイルスが増殖を続け、次第に肝炎を起こします。さらに感染後一〇～二〇年が過ぎると、肝臓が硬化して表面が凸凹になる肝硬変を発症させます。これだけでは終わりません。感染後三〇年ほど経つと、肝硬変から肝がん（肝臓がん）を起こしてしまいます。

C型肝炎ウイルスは、真綿で首を絞めるように、じわじわと感染したヒトの肝臓を蝕《むしば》んでいくのです。感染後数日で発熱などの症状をもたらすインフルエンザや新型コロナは急性感染症と呼ばれるのに対し、C型肝炎は慢性感染症と呼ばれます。C型肝炎ウイルスの棲家《すみか》となる肝臓は「沈黙の臓器」と言われるほど不調に気づきにくく、気づいた時は肝硬変や肝がんを発症していることも少なくありません。

C型肝炎ウイルスは主に血液を介して感染しますので、手術の際の輸血で感染した方も大勢いました。このウイルスが特定されるまで、「輸血後肝炎」と診断されていた患者さんの大半がC型肝炎だったのです。皮肉なことに、医療の進歩につれて輸血を伴う手術数が増えたことで、C型肝炎ウイルスは広がってしまいました。

現在、日本では約三万人の方が毎年肝がんで亡くなりますが、そのうち七割ぐらいはC型肝炎ウイルスの感染から肝がんに移行した患者さんです。C型肝炎の患者さんは、日本に約一五〇万人、全世界で約七〇〇〇万人いると推定されています。

効果的な薬の開発で、C型肝炎は淘汰《とうた》されつつあるとはいえ、問題も残っているのです。C型肝炎ウイルス治療薬は現在いくつかの種類が創られていますが、どれも一錠数万円するので、完治するまで飲み続けるには多額の費用がかかります。保険適用の薬に指定されている日本は大丈夫ですが、世界規模で考えると経済的な理由で画期的な薬の恩恵にあずかれない方も相当数にのぼり、C型肝炎の患者さんはまだ増加しているのです。

こうした事情を好転させるためにワクチンが開発されればベストですが、C型肝炎ウイルスは、インフルエンザウイルスや新型コロナウイルスと同じRNAウイルスで変異しやすく、免疫機構をうまく逃れる機能を持つため、かなりハードルが高いのです。現在の治療薬が安価になって、すべてのC型肝炎患者さんが服用されるほうが早いかもしれません。

人体にとって異物であるウイルスが侵入するとセンサーが働き、体内にある自然免疫が応答してウイルスを排除します。しかし、C型肝炎ウイルスは、タンパク質分解酵素で免疫のセンサーを破壊し、ステルスのように姿を隠して免疫から逃れています。こうしたウイルスの仕組みが解明されるごとに、「ウイルスはすごい！」と素直に感動します。私たちが最近ようやく解明した細胞の仕組みを、ウイルスは大昔から知り尽くしているのですから！

C型肝炎ウイルスと肝外病変

次に、私たちはC型肝炎ウイルスの何を研究しているのかを説明します。

「C型肝炎ウイルスはなぜヒトの肝臓で増殖するのか?」

これが研究課題です。C型肝炎ウイルスはフラビウイルス科のウイルスで、日本脳炎ウイルス、デングウイルス、黄熱ウイルスと遺伝構造が非常によく似ています。それなのに、C型肝炎ウイルスは、なぜ脳炎や出血熱を発症せずに、肝臓を好んで増殖し、肝炎を発症するのでしょうか?

その謎を解くカギは、我々人間の肝臓にあるマイクロRNAにありました。私たちの体の中では、メッセンジャーRNAという分子がタンパク質を作っていますが、マイクロRNAはメッセンジャーRNAと結合してタンパク質の生成をブロックする役割を持っています。

マイクロRNAはさまざまな臓器に存在しますが、種類は二〇〇〇種ほどもあり、臓器ごとに分布が異なります。肝臓にとりわけ多いのはマイクロRNAの一二二番ですが、C型肝炎ウイルスは肝臓に入り込むと、マイクロRNAで壊されるのではなく、逆にマイクロRNAの一二二番に結合することで、効率良くウイルスゲノムを複製します。

C型肝炎ウイルスは初めから、マイクロRNAを利用できる能力を持っていたわけではなく、長い年月をかけて肝臓のマイクロRNA一二二番を利用する術《すべ》を獲得したと思われます。マイクロRNA一二二番が大量にあるのは肝臓だけなので、C型肝炎ウイルスは肝臓以外の場所では増殖できないわけです。

ところが、現実的には奇妙な現象が起きています。C型肝炎患者の多くが、肝炎以外にも病気を起こしているのです。たとえばリンパ球に腫瘍ができるリンパ腫や自己免疫疾患のシェーグレン症候群など、複数の肝外病変が報告されています。

そこで私たちは、マイクロRNA一二二番以外にも、C型肝炎ウイルスの複製を可能にするマイクロRNAがあるかどうかを調べました。

実験に使うのはヒト肝臓の培養細胞です。元の肝臓細胞にはマイクロRNA一二二番がたくさん含まれていますから、それを作らないようにマイクロRNA一二二番の遺伝子だけを除きます。このように特定の遺伝子を不活性化させる技術を「ノックアウト」と言いますが、これ自体は非常に簡単にできるようになりました。

大変なのはそのあとの作業です。マイクロRNA一二二番を取り除いた培養細胞にC型肝炎ウイルスを感染させるのですが、マイクロRNA一二二番がないのでウイルスは当然増えてくれません。それでも何度も何度も繰り返し感染させていきます。気の遠くなるような長く地味な実験ですが、根気よく続けているとぽつぽつと増えてくるウイルスが出てきます。前に述べたようにC型肝炎ウイルスはRNAウイルスで変異しやすく、人工的に過酷な環境を与えると変異が入って増えてくるのです。

次に、増えたウイルスがどんな変異を起こしたのかを調べていきます。その結果、C型肝炎ウイルスはマイクロRNA一二二番以外のいくつかのマイクロRNAとも結合して複製できることがわかり、二〇二〇年にそれを論文で発表しました。これがC型肝炎ウイルスの「肝外病変」に関わっていると推測されますが、ここから病気の治療や予防にどうつながっていくかは今後の課題です。

新型コロナでジャンルを超えた協力体制が強化された

私たちが日々進めている実験は、ここまで述べたように大半が地道なものです。しかし、二〇二〇年、その日常が崩れ、右往左往する事態が起こりました。ご存知の新型コロナウイルスのパンデミックです。日本のみならず、世界中が危機に直面する事態を受け、私たちのグループも新型コロナウイルスの基礎研究を開始しました。

こんな時に「私たちはC型肝炎ウイルスの研究だけする」というわけにはいきません。ヒト病原ウイルスの研究者の多くは、新型コロナウイルスの研究に従事しています。

あるウイルスのパンデミックが発生した場合、私たち研究者がまず何を目指すかと言えば、ワクチンの開発です。これは非常に重要な使命ではありますが、別の角度から考えると、一〇〇年前からほとんど進歩がありません。一九一八～二〇年にスペイン風邪が大流行した際にも、対策としてはマスクの着用と、ヒトとの接触を避けることが推奨され、研究者はワクチンの開発に挑んでいました。

それを思うとこの一〇〇年間、感染症対策はあまり進歩していないのです。そのことにもどかしさを感じるとともに、ウイルス感染症に対する取り組み方を変えていかなければいけないと感じています。

ヒトにとって危険なウイルスが多数あることはすでにわかっていますが、それら病原性の高いウイルスに感染しても、病気を発症しない人は必ずいるのです。なぜ特定のヒトに病気が起きないのか、その仕組みを調べておけば、危険なウイルスが流行の兆しを見せた時点で「重症化や死亡を回避する」手立てを講じられるのではないでしょうか。これから私は、その方向で研究を続けていきたいと考えています。

ただし、これを行うには我々ウイルス学者だけでは難しい面があります。現在、ウイルスに関するデータは日々更新されています。たとえば新型コロナウイルスに関しても、ウイルスにどういう変異が入ったか、世界中から刻々とウェブ上にアップされています。

ウイルスに限らず、広範なビックデータから有用なデータを抽出することで、創薬やワクチン開発のスピードアップにつながるのではないかと思っています。しかしながら、実験が大好きでこの世界に入った私などは、ビッグデータの意味さえよく理解できません。今後のウイルス感染症対策を考える上で、情報科学や数理科学などの異分野の研究者とのコラボレーションが不可欠です。

幸い、ネオウイルス学が立ち上がり、これまで縁のなかった数理科学の研究者や、私たちの世代とは異なった視点からウイルスを研究する若手とも話す機会が増えました。

新型コロナウイルスの流行で人々の関心が少しだけウイルスに向いている間に、私のような老いぼれ研究者も華麗に変身し、後進の育成を通して、少しでも社会に貢献できればうれしいですね。

生物は進化の過程でウイルスから多くの遺伝子を獲得してきた

京都大学 白眉センター
ウイルス・再生医科学研究所 特定准教授

堀江真行

ウイルスの多様性を知る

「ウイルス研究の中で、ご専門は何ですか？」

こう聞かれると、一瞬戸惑う自分がいます。多くのウイルス研究者には、メインに探究しているテーマがあるのですが、私の場合、いつの間にか扱う手法も、研究の対象とするウイルスの種類も多くなってしまい、「いろいろやっています」としか言いようがなくなってきました。

近年一番興味があるのは、「そもそも現在の地球上にどれくらいウイルスが存在しているのだろう？　また過去にはどのようなウイルスがいたのだろう？」ということです。一説には、一〇の三一乗ものウイルスが地球上に存在していると言われます。しかし実際には、どんな環境にどんなウイルスが存在し、それがどの生物に感染し、生態系にどんな影響をおよぼしているのか、未知のことばかりです。

ウイルス探索は古くから行われてきた研究ではありますが、ウイルス研究者の私自身、「いまだに知らないことがあまりにも多すぎる」という素朴な思いから、これまであまり調べられてこなかった動物や環境のウイルスを少しずつ調べています。

近年、ディープシークエンス(1)と呼ばれる塩基配列解読技術の発達・普及により、DNAやRNAの配列を短時間で大量に解読できるようになりました。この技術を使えば、動物や環境に存在するウイルスを効率的かつ大量に探索できるようになったのです。

動物であれば、実際に自分で種々の野生動物の検体採取を行う、あるいは貴重な動物由来の検体を持つ方々から分与いただくなどして、感染しているウイルスを調べています。

環境の分野で言えば、南極の微生物研究者である知人たちとともに南極のコケ坊主(2)などのウイルスを探索したり、琵琶湖《びわこ》の微生物研究者とともに水深一〇mごとに湖水を採取して、そこにいる生き物とウイルスを調べたりしています。

過去の研究に使用された塩基配列のデータは、公共のデータベースへと登録されます。多くはウイルス探索以外の研究に使われたデータですが、これらのデータの中に偶然にも感染していたウイルスの塩基配列が存在することも少なくありません。このように、公共のデータベースに副産物的に存在するウイルスについても、スーパーコンピュータなどを使って調べています。

「ウイルスを知り尽くす」は、とても一人では追いきれない壮大なテーマですが、この目標はずっと掲げていくつもりです。

現在は前述のようなウイルスの探索のほかに、内在性ボルナウイルスについても研究を行っています。もともとは私が大学院生の時に、現在のメンターである朝長啓造先生のもとで始めた研究です。

現在、朝長先生も内在性ボルナウイルスの研究をしています。棲《す》み分《わ》けという意味では、朝長先生がヒトやマウスなどの実験動物において機能を持つ内在性ウイルスを調べているのに対し、私はヒトや実験動物以外の動物における内在性ウイルスの機能、さらには内在性ウイルスから知る古代のウイルスや、ウイルスの多様性というテーマで研究を進めています。

私たちの体内に眠る「ウイルスの化石」

朝長先生の節と多少重複するかもしれませんが、内在性ウイルスはまだあまり読者のみなさんになじみがないと思われますので、私からもご説明させていただきます。

私たち人間を含め、生物は進化の過程でウイルスから多くの遺伝子を獲得してきました。ウイルスの側から見れば「侵入」とか「同化」に当たるのかもしれませんが、それが私たちの生命活動にも役立っている例が発見されています。

ウイルス学者の間でよく知られているのは、私たち人間を含む多くの哺乳動物の胎盤形成において、ウイルス由来の遺伝子が重要な役割を果たしているということです。

胎盤は妊娠した母体の子宮内で作られます。ヒトの場合、胎盤の中に栄養膜合胞体層と呼ばれる構造があり、妊娠の維持に必要なホルモン分泌などを担っています。この栄養膜合胞体層は、「合胞体」という名が示すように、細胞同士が融合することによって形成されます。

この「融合」に必要なシンシチンと呼ばれる遺伝子こそ、レトロウイルスと呼ばれるウイルスが持っていたenvという遺伝子に由来するものなのです。

レトロウイルスのenv遺伝子から作られるタンパク質は、ウイルスが生物の細胞に感染する時に細胞膜の受容体に結合し、その後ウイルスの被膜と生物の細胞膜を融合させ、生物の細胞内に入り込む働きをします。その env 遺伝子が哺乳動物のゲノムに組み込まれ、胎盤形成をする際、細胞同士を融合させる働きに転用されているのです。

つまり哺乳動物にとっては非常に重要な組織である胎盤の形成に、ウイルスが大きな役割を果たした、と言えるでしょう。

私たちのゲノムには、ほかにもウイルスに由来する遺伝子配列が多数存在します。その多くは数百万年前から数千万年前に獲得されたもので、言わば、私たちの体内に「ウイルスの化石」が眠っているわけです。

その化石を掘り起こし、情報を探ることで、太古のウイルスについても知ることができます。私たちのウイルスハンティングフィールドは、地球上だけでなく、私たち人間や生物のゲノムにも広がっているのです。数千万年以上前に、どのようなウイルスが存在し、どういう生物に感染していたのか、またどのようにウイルスが長期的に進化してきたのか？　などなど、疑問は尽きません。

これまでに、大学院生の川崎純菜さんらとともに、脊椎動物のゲノムに存在するボルナウイルスの化石をくまなく調べることによって、古代のボルナウイルスの感染の歴史を明らかにしました。

ボルナウイルスが少なくとも一億年にわたってさまざまな脊椎動物に感染してきたことや、現代のボルナウイルスが感染すると知られている動物種よりもはるかに多くの種類の動物が、過去にボルナウイルスの感染を受けていたこともわかりました。

このように、私たち生物のゲノムを探索することによって、現代のウイルスだけからは調べられない、古代のウイルスに関する貴重な情報を得ることができるのです。

これは、古代のウイルスというロマンある研究でもある一方、これまでにウイルスが感染してきた動物種を知り、ウイルスの長期的な進化を理解するという意味で、今後のウイルス感染症対策にも役に立つのではないかと考えています。

今も起きているウイルスの内在化

先ほど、生物の中に潜むウイルスの痕跡を「化石」と表現しましたが、ウイルス遺伝子は現在進行形で生物の遺伝子に組み込まれている可能性も報告されています。オーストラリアに生息するコアラの例から、それが推測されるのです。

近年、コアラのゲノムから内在性のレトロウイルスが発見されました。おもしろいことに、オーストラリア北部の調査では、一〇〇%のコアラから内在性のレトロウイルスが見つかったのですが、南部のカンガルー島に住むコアラからは見つかりませんでした。北部のコアラとカンガルー島のコアラの生息地が分かれたのは約一〇〇年前と推測されているので、かなり最近になってウイルスの内在化が起きたのではないかと考えられています。

ウイルスの内在化がその生物にどのような影響をおよぼしているかは、少しずつではありますが、解明されつつあります。

「あるウイルスの遺伝子が内在化されていると、外部からの近縁ウイルス感染を防ぐ役割をする」

ということはレトロウイルスについて古くから知られていましたが、それが近年、レトロウイルス以外のさまざまなウイルスについても徐々に証明されてきました。たとえば私たちが研究しているボルナウイルスは、その遺伝子が内在化すると、外部から来るウイルスの感染を防ぐことが、すでに確かめられています。

ボルナウイルスに関しては朝長先生の節をご参照いただくとして、一つだけ私とボルナウイルスの数奇なつながりについて述べさせていただきます。

私が少年時代に熱中していたのは、「ウマ」でした。私が生まれ育ったのは岐阜県羽島郡岐《ぎ》南町《なんちょう》で、その隣の笠松町《かさまつちょう》にはオグリキャップがデビューを飾った笠松競馬場という地方競馬場があります。私はオグリキャップの全国的な人気を幼少の頃に経験し、競走馬を育成するゲームやマンガの流行など、競馬ブームのさなかに中学、高校時代を過ごしたことで、「将来は競馬関連の仕事に就きたい」と考えるようになったのです。

厩務員《きゅうむいん》、牧場作業員……といろいろ考えた結果、ウマを診《み》る獣医を目指し、志望通り帯広畜産大学へ進学しました。ところが、さまざまな理由から自分自身が臨床獣医師に向いていないであろうと思い、在学中に別の進路を模索していました。そのような中、学部生時代に希望した研究室が二回も連続して直前に閉鎖されるということがあり、自動的に新興・再興感染症研究室へ配属されて、図らずもウイルスと出あってしまったのです。

しかし、いざ研究を始めてみると、それまでの講義・実習とは異なり、見えないウイルスを相手に自分で何かを調べ、考えて仮説を立て検証をするという、私にとっては新鮮なことばかりで、一気にのめり込みました。また学内の別の研究室では、宮沢孝幸先生（現・京都大学）が、内在性ウイルスの研究をされており、そこにも頻繁に出入りしていたものです。

振り返れば、病原体としてウイルスをとらえる古典的なウイルス学と、病原体とは別の面からウイルスを調べるネオウイルス学的な研究の両方と、学部生時代に出あう貴重な体験をしたと思います。

現在の私のメンター、朝長先生との出会いは、大学院の博士課程に進んだ時でした。これは「偶然」ではなく、学部生時代に公衆衛生の授業で聞いたボルナウイルスが印象に強く残っていたため、当時、大阪大学でボルナウイルスの研究をされていた朝長先生のもとへ進学したのです。

獣医としてウマを診る仕事に就くことはありませんでしたが、ウマへの愛着から始まった私の夢は、ウマに病気を起こすボルナウイルスの研究へと着地したことになります。

これを「運命」と思ってボルナウイルスの研究一筋に……というのは私のスタイルではありません。一つの柱を持ちながら、横道、脇道に踏み込んで、ほかの人がやらないものを探っていこうと思っています。

古典的なウイルス学も大事にしたい

内在性ウイルス研究の対象として、現在私が特に興味を持っているのはコウモリとゾウです。

コウモリは、ヒトに感染して病気を発症させるような危険なウイルスを数多く持っています。新型コロナウイルスもコウモリ由来とも言われています。またコウモリは種数も多く、ゲノムには多くの内在性ウイルスも存在していることから、非常に重要な研究対象です。

ただ、コウモリはヒトやマウスのように研究に十分なツールが揃っていません。今ではコウモリの培養細胞も比較的数多く樹立され、研究に使用可能な培養細胞の数も増えてきました。しかし、私がコウモリを研究し始めた二〇一二年頃は、研究対象としていた種のコウモリの培養細胞はなく、自分で作成するしかありませんでした。

北海道でコウモリの研究をしていた大学時代の先輩に同行していただいてコウモリを捕まえ、これをBSL2（バイオセーフティレベル2）の部屋で解剖し、さまざまな臓器から培養細胞を作成して、幸運にも研究に使用可能な細胞を手に入れることができました。

現在は、自分で樹立した培養細胞のほかに、国内外の研究者からいただいた培養細胞も使って研究を行っています。コウモリにもボルナウイルスが内在化していて、それが何かの機能を果たしていることはわかってきたのですが、その機能を特定するまでは、もう少し時間がかかりそうです。

ゾウについては、日本大学の小林（鈴木）由紀先生が中心となって研究が始まりました。ゾウの場合は自分で捕獲するわけにはいきませんが、幸いなことに理化学研究所の細胞バンクに培養細胞が登録されていました。北海道の研究者が、ゾウの歯茎や耳から作成した培養細胞を登録してくれていたのです。

大型野生動物の細胞は非常に貴重であり、入手困難であることが多いのですが、ゾウの例は非常に幸運でした。ただ、これだけではなかなか研究が進まないので、ゾウの近縁種であるハイラックスの臓器を、動物園からいただきました。ハイラックスは日本国内の多くの動物園にいます。かわいいのですが、あまり目立たず、人気や知名度は低いかもしれません。見かけは大型のネズミ風ですが、系統的にはゾウと近いのです。

サンプルの採取が難しい動物に関しては、ハイラックスのように動物園に協力してもらうこともあります。動物園で死亡した個体からサンプルをいただくわけです。

ゾウやハイラックスについてもボルナウイルスが内在化していて、それがなんらかの機能を果たしているということまではわかっているのですが、その機能を特定するにはいたっていません。

コウモリやゾウの内在性ボルナウイルスの研究は、前述の小林先生とコンビを組んで進めていました。過去形で記さなくてはならないのは、小林先生が二〇一九年に三〇代の若さで逝去されたからです。

共同研究にはさまざまな形がありますが、小林先生と私は、初めのうちは役割をはっきりと分担していました。コンピュータでの解析を小林先生が担当し、私が実験室での解析を行うのです。相手のできないことをすることによってお互いを補う、典型的な共同研究だと思います。

生物ゲノムの解析がすさまじい勢いで増えている現在は、この方法を採るチームが多いのですが、私たちは途中からスタイルを変えました。両者とも、自分の分担領域だけでなく、相手の領域も理解できるようになった、つまり小林先生も実験室での解析を行い、私もコンピュータ解析をするようになったのです。

こうすることで、お互いの研究についてもより深い討論ができるようになりました。さらには細かいことを相手に尋ねたい時や、相手の分野に関して何か知りたいことが出てきた時、いちいち聞かなくても自分でわかるようになり、お互いのストレスを多少なりとも軽減することができたのです。

小林先生とはとてもいいコンビネーションが組めていただけに、早すぎる死がなおさら悔やまれます。

ウイルスの研究手法で言えば、私は古典的なウイルス学的手法も大事にしていきたいと考えています。今では塩基配列を解読する技術が発達したこともあり、新しいウイルスのＤＮＡやＲＮＡを発見した、というだけで終わってしまう研究も少なくありません。

私は学部生の頃に、ウイルスの分離・培養や抗体の検出、生体からの培養細胞の作成など、古典的な手法をたたき込まれたこともあってか、せっかく新しいウイルスを見つけたのであれば、そのウイルスを分離・培養し、それがどういう性質を持っているかといったことまで調べたくなりますし、また調べることが必要だと考えています。

そのことにより、多くのウイルスを発見し、基礎データを積み重ねていくことで、ウイルスがどのように進化してきたのかもわかってきますし、さらには次にやってくるパンデミックウイルスにも一早く対応できると思うからです。

他分野の研究者とのつながりにも重点を置く

内在性ウイルスの話に戻ると、二〇一六年に「内在性ウイルス様エレメント研究会ＥＮＤ－ＥＡＶＲ」を立ち上げました。内在性ウイルスはウイルス研究者ばかりでなく、進化生物学、幹細胞生物学、発生学、医学など、幅広い分野の研究者が研究をしています。

しかし、その研究成果はそれぞれの学会でしか発表される機会がないので、分野を問わず内在性ウイルスの研究者が集まる会を作ってしまおうと考えたのです。

さまざまな方の助けもあり、二〇一六年に一回目の研究集会を開催することができました。多様な分野の研究者やさらには学部生も集まり、大成功でした。二〇二〇年三月に二回目の研究集会の開催を予定していましたが、コロナ禍により延び延びになっています。

その会に加え、内在性ウイルス研究者の勉強会も組織しました。こちらはもともと研究室内のメンバーとともに行っていたのですが、コロナ禍を機にオンラインによって行い、今では理化学研究所のニコラス・パリッシュ先生とその研究室のメンバー、さらにはさまざまな内在性ウイルスの研究者も参加するなど、少しずつその輪が拡大しています。

元来私はリーダーシップをとって人をまとめていくのは苦手なのですが、おもしろい研究をするために自分から動いてみました。

第一線の先生方は、みなさん独自の研究哲学を持ち、強烈なカリスマ性やリーダーシップを発揮しています。しかも、自分の研究対象だけでなく、非常に幅広い視野で物事をとらえているのです。

特別な研究哲学も持たず、自分が「おもしろい」と思ったものだけを追い続けている私にはとてもまねができませんが、せめて積極的に行動して、研究範囲も仲間も増やしていきたいと願っています。

前述のような形で仲間がたくさんできることによって、研究会のメンバー間などで自然発生的な共同研究が生まれることを期待しています。あるいは共同研究にいたらなくても、いろいろな相談を気軽にできるような関係を多くの研究者と築くことができれば、いずれは新しい、おもしろい研究につながるのではないかと考えています。

こうして、私のウイルス研究についてもさらに発展させることができたら、と思っています。

註

(1) 次世代シークエンスとも呼ばれる。動物や環境などに存在するDNAやRNAの配列を網羅的に解読することができる。

(2) 南極のごく一部の湖の底に存在する柱状の構造物である。周りはコケに覆われており、内部にはさまざまな微生物が存在することが知られている。

ウイルスをさまざまな観点から俯瞰《ふかん》的に理解する

東京大学 医科学研究所 感染症国際研究センター
システムウイルス学分野 准教授

佐藤 佳

ウイルスの「実像」と「存在意義」を探究する

ウイルス学者を含む現在の生命科学者は、「ウェット」の人と「ドライ」の人に大別されます。といっても、研究者の人柄のことではなく、研究方法のことです。

私たち研究者の言葉で、「ウェット」とは、細胞や自然界の検体を使ってウイルスの感染実験をするなどの生物学的な手法、「ドライ」とは、コンピュータによる解析を意味します。研究室（ラボ）ごとに、だいたいどちらかを専門とするラボに分かれていて、互いに共同研究を

東京大学医科学研究所とラボメンバー（2020年8月撮影）

行っているのです。

二〇一八年に開設した私たちのラボはウェットな研究が主軸ですが、テーマに応じてさまざまなラボと共同で研究を行っています。ウェットな研究に加えて、ドライな研究ができるスキルがある研究員も在籍し、一つのラボの中で「ウェット」と「ドライ」を融合したオリジナルな研究を展開しています。

私たちのラボは、「システムウイルス学」という名称です。元からあった学問領域ではなく、造語で、「システム生物学」を参考にしました。システム生物学とは、情報科学や統計学などを用いて、生命を遺伝子やタンパク質といった要素の総体として理解しようとする学問です。システムウイルス学はそれに倣って、ウイルス学に「これまでになかった要素」を加えた新しい学問領域の創成と展開を目指しています。

　これまでになかった要素とは、生命科学と情報科学を融合させたバイオインフォマティクス（生物情報学）や、生物学に数理科学的手法やデータ解析を応用した数理生物学、生物の進化をDNAの塩基配列等の分子構造の変化で追究する分子進化学、古生物学などで、私たちのラボにはその分野の専門家が徐々に集まっています。

　ウイルスに対する私自身のイメージは、「群れをなして夕空を飛ぶ渡り鳥の集団」あるいは「海中を回遊する稚魚の群れ」のようなものです。個々としての実体は詳細に認識、確認することができても、総体としてとらえようとすると曖昧なものになってしまう。渡り鳥や稚魚が一匹ごとに個性が異なるように、個々のウイルスにしても一つ一つ個性が異なり、またそれらは時々刻々と変幻自在に性質を変えていきます。

　たとえば毎年冬に流行するインフルエンザのウイルスは、インフルエンザウイルス固有の形を保ちながら、病原性や感染性は常に変わっていくのです。一年前に流行したインフルエンザウイルスと今年のインフルエンザウイルスは異なりますし、さらに言えば、昨日自分に感染して体内で増えていたインフルエンザウイルスと、今日自分の中で増えているインフルエンザウイルスすら同一ではありません。

そうした曖昧なウイルスの「実像」や、「レゾンデートル（存在意義）」を、さまざまな手法の組み合わせで俯瞰的につまびらかにしていくことが、システムウイルス学の目標です。

健康な人の体内に身を潜める多数のウイルスは何をしている？

現在、私たちのラボで進めている主なプロジェクトは以下の通りです。

1 ウイルスが種を超えて伝わる仕組みの解明
2 ウイルス感染に対する免疫応答のバイオインフォマティクス解析
3 疾患に関連する新規ウイルスの探索
4 内在性レトロウイルス（宿主のゲノムに組み込まれたウイルスの痕跡）と宿主の進化的な関係
5 ウイルス感染・複製を制御する宿主遺伝子の機能解析

ここからは、いくつか具体例を挙げて私たちの研究を紹介します。まずは、慢性的疾患のない健康な人の体内に、どのぐらいウイルスが「常在」しているか、についての研究です[1]。

インフルエンザウイルスなど、感染すると数日でヒトに病気を起こすウイルスは、その病気の発症で細胞内にウイルスが入ったことが確認されますが、私たちの体の中には、病気の症状を起こさず、じっと潜んでいるウイルスもたくさんいます。

そのことはすでに知られていましたが、ではいったい健康な人の体のどこに、どんなウイルスがいるのかは、なかなか調べる手立てがありませんでした。生きている人の器官を取り出して調べるわけにはいかないからです。

そこで私たちは、健康なまま事故などで亡くなった方のデータで調べることにしました。GTExという米国のゲノムプロジェクトを通じ、五四七人の体内組織から取得された、八九九一におよぶRNA配列情報サンプルを入手したのです。

これらのサンプルから、米国国立生物工学情報センターに登録されている五五六一種類のウイルスゲノム情報を用いて、ウイルスに由来すると考えられるRNA配列情報を探していきました。こうした大規模なゲノム解析を「メタゲノム解析」と言いますが、得られた結果は想像以上でした。

健康な人の体内において、少なくとも三九種類以上のウイルスが常在的に感染していることがわかったのです。

脳や肺、心臓、肝臓、胃、大腸といった主要な臓器から、血液や神経にいたるまで、二七ヵ所の組織で、少なくとも三九種類以上のウイルスの痕跡が検出されました。コロナウイルスの一種で、風邪の症状を起こすコロナウイルス229E型も、脳や肺の中から見つかっています。

ウイルスの種類で言えば、特に多く検出されたのはヘルペスウイルスです。ヘルペスウイルスは、ヒトの体内に入ると一生消滅せず細胞内に潜伏し、数年後、時には数十年後に病気を発症させます。一生病気を発症させないこともあり、こうした現象は「潜伏感染」、あるいは「不顕性感染」と呼ばれています（ヘルペスウイルスに関しては22ページ参照）。

ヘルペスウイルスの性質や、このウイルスが多くのヒトの体内に存在していること自体はすでに知られていましたが、胃から大量に検出されたことには驚きました。

胃の中に潜んでいるヘルペスウイルスもまた、すぐに病気を発症させずに潜伏感染しています。しかし、単にじっとしているだけではなく、実際はなんらかの「働き」をしているはずです。そう考えてさらに調べた結果、やはりヘルペスウイルスは人体の生理的機能に関与していました。ヘルペスウイルスが胃に存在していることで、消化酵素の合成などの機能に影響を与えている可能性が見いだされたのです。

また、いくつかのウイルスが感染している組織を調べると、ウイルス感染に反応してウイルスの増殖を抑える役目をするインターフェロンや、免疫細胞の一種であるB細胞が増えていることも確認できました。体内にこっそり潜伏感染しているウイルスが、ふだんは眠っている免疫機構を活性化させている、と考えられます。

チンパンジーのレンチウイルスはいかにしてエイズウイルスに変異したのか

続いて、ヒトにエイズ（後天性免疫不全症候群）を発症させる、エイズウイルス（ＨＩＶ）の起源に関する研究について述べます。

感染すると五〜一〇年ほどで免疫機能が低下し、全身に炎症などを起こすエイズウイルスについては、多くの方がご存知だと思います。ウイルス学の分類上、レンチウイルスに属するエイズウイルスは、私たち人類に大きなインパクトを与えたため、発見された一九八〇年代から世界中の研究所で調べられてきました。

ヒトに病気を発症させるウイルスのほぼすべては、ヒト以外の動物が持つウイルスから生まれます。エイズウイルスも、元来アフリカに棲むチンパンジーが持っていたレンチウイルスで、

チンパンジーのレンチウイルスの進化図

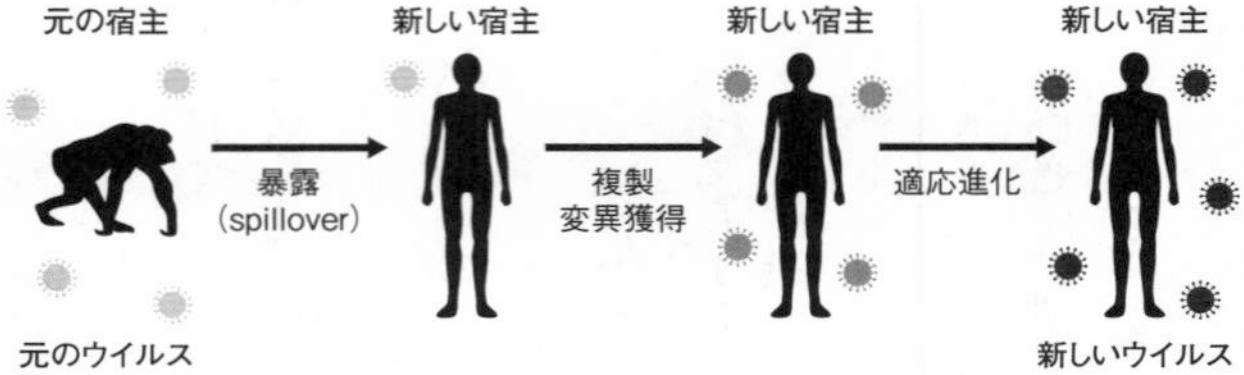

推測される誕生時期は、今からおよそ一〇〇年ほど前です。ゴリラもレンチウイルスを持っていますが、これもチンパンジーのレンチウイルスから誕生したと考えられています。

エイズウイルスはM、N、O、Pと呼ばれる四つのグループに分類されていますが、このうちMとNのウイルスはチンパンジーのレンチウイルス、OとPはゴリラのレンチウイルスから変異したことが示唆されています。

では、もともとチンパンジーが持っていたレンチウイルスのどこがどう変わってゴリラのレンチウイルスが誕生し、その二つのウイルスはどのような変異でエイズウイルスになりえたのか。これについては、長い間、不明のままでした。

ある生物が持つウイルスが種の異なる生物に感染することを「異種間伝播」と言いますが、これを実現させるためには、さまざまな障害を越えなければなりません。種の異なる生物の間ではウイルスの伝播や複製などが起こりにくいためで、これを「種の壁」と言います。

種の壁の一つとして、哺乳類はウイルスの増殖（複製）を阻害する「内因性免疫」と呼ばれる免疫を獲得しました。ウイルスが細胞の中に侵入してくると、インターフェロンなど細胞内のウイルスの複製を抑えるタンパク質が機能して、細胞を守る働きをするのです。しかし、ウイルス側にも、そのタンパク質の働きを抑える機能があります。細胞内では双方の機能が争いを繰り返し、ウイルスが感染した生物の「ウイルス複製を抑える働き」を阻止する機能を獲得すると、「種の壁」を越えていくのです。

私たちは、チンパンジーのレンチウイルスがヒトのエイズウイルスに変わる過程を、比較ゲノム解析を専門とする東海大学の中川草先生と共同で調べることにしました。遺伝子の塩基配列やタンパク質のアミノ酸配列から生物の進化過程を探る分子系統学と、ウイルス学や細胞生物学に基づく実験を合わせ、チンパンジーのレンチウイルスがゴリラのレンチウイルス、ヒトのエイズウイルスとなる時の分子メカニズムを探ったのです。

その結果、チンパンジーのレンチウイルスは、M16Eというたった一つのアミノ酸の変異によってゴリラの内因性免疫を阻害することがわかりました。アミノ酸がたった一つ変異したことで、チンパンジーのレンチウイルス（SIVcpz）は、「種の壁」を乗り越えて、ゴリラのレン

チウイルス（SIVgor）という新しいレンチウイルスへと適応進化したのです。(2)

チンパンジーのレンチウイルスとゴリラのレンチウイルスからヒトのエイズウイルスへと進化する変異については今後の研究課題ですが、私たちが行った異分野融合的な試みは、コウモリのウイルスから異種間伝播を遂げたと思われる新型コロナウイルスなどの研究にも応用できるはずで、現在精力的に研究を進めています。

新型コロナウイルスがサイトカインストームを招く仕組み

新型コロナウイルス感染症に関しては、サイトカインストーム（免疫システムの暴走）を招くケースが多いことが、一般メディアでも繰り返し報道されてきました。サイトカインとは細胞から分泌される免疫タンパク質の総称ですが、サイトカインのバランスが崩れて大量に分泌されると、細胞内に侵入してきた異物ばかりか、自分自身の細胞まで攻撃してしまいます。これがサイトカインストームですが、新型コロナウイルス感染症ではなぜそれが起きやすいのかについては、わかっていませんでした。

私たちはそれを突き止めるため、まず新型コロナウイルスと、このウイルスに近いＳＡＲＳ

ウイルスが持つ遺伝子の長さを比較したところ、新型コロナウイルスのＯＲＦ３ｂというタンパク質の長さが、ＳＡＲＳウイルスより顕著に短いことがわかりました。

さらに、公共のデータベースに登録された一万七〇〇〇におよぶ世界中の新型コロナウイルスの遺伝子配列を解析し、ＯＲＦ３ｂが部分的に変化しているエクアドルのウイルスを見つけました。このウイルス配列を再構築して実験を行ったところ、ほかの地域で流行している新型コロナウイルスに比べ、インターフェロンの働きを抑える効果が強いことが確認されたのです。

インターフェロンはサイトカインの一つで、先に述べた通りウイルスの増殖を抑えたり、ウイルスを排除する役割を担っていますが、その役割を果たせないとサイトカインのバランスが崩れ、サイトカインストームが起こるのです。このウイルスを分離したエクアドルの医師に確認すると、このウイルスに感染した二名はいずれも重症化し、うち一人が死亡したことが判明しました。

以上の結果から、新型コロナウイルスのＯＲＦ３ｂタンパク質には、強力なインターフェロン抑制効果があり、それが新型コロナウイルス感染症の病態と関連している可能性があることがわかりました(3)。

「システムウイルス学」の重要性と、これからのウイルス学

このような基礎的な研究を行っている私たちは、よく「その結果が感染症対策にどうつながるのですか？」「その結果がワクチン開発、創薬開発にどうつながるのですか？」との質問を受けます。新型コロナウイルスの研究で言えば、インターフェロン阻害力が強力だったＯＲＦ３ｂが、ウイルス遺伝子の解析によってウイルスの病原体を評価する指標の一つとして使用できるかもしれませんし、ＯＲＦ３ｂの機能を阻害する薬が、新型コロナに対する新しい創薬標的となるかもしれません。

しかし、私たちのラボで行っている研究は、ワクチン作りや薬の開発にすぐ役立つものはほとんどないと言えます。私自身、研究テーマを決める時、「すぐに役に立つ研究」という方向では考えていません。

私が興味を惹《ひ》かれるのは、「ウイルスはどこから来たのか？」「種を超えるためにどんな変異を遂げたのか？」「感染してからどのように病気を発症させるのか？」など、物語性のある、基礎的なことがらです。

高校時代のスクラップブック

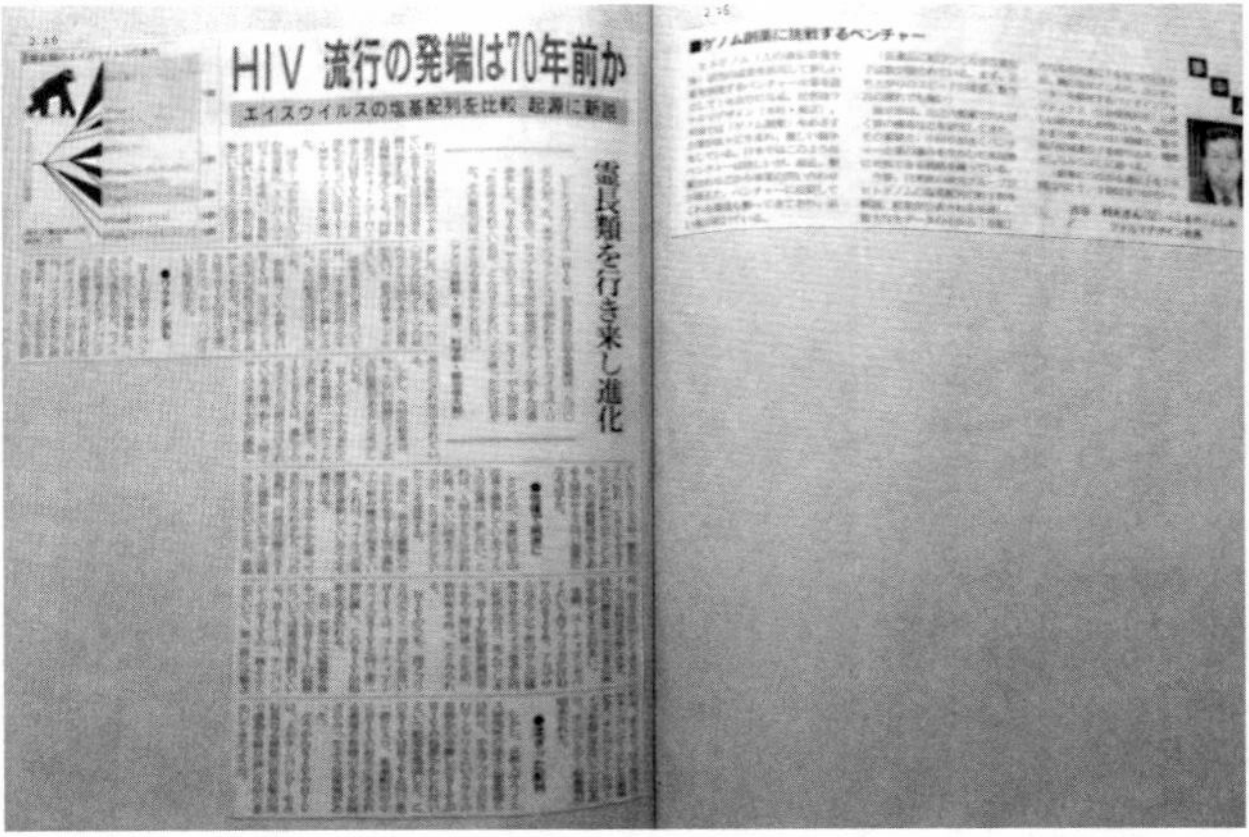

「どうしてウイルス研究者になったのですか？」という質問も、最近たびたび受けるようになりました。これに関しては自分でも忘れていましたが、ある時、高校時代のスクラップブックを見返したら、バイオテクノロジーの記事で埋まり、エイズウイルスを始めウイルスの記事もたくさん貼られていました。

私の高校時代はちょうど二〇〇〇年前後で、ヒトゲノムがすべて明らかになった頃です。エイズに関しては本やマンガ、映画の題材として取り上げられていましたし、フィクションですがウイルスがカギになる『リング』『らせん』『20世紀少年』『アウトブレイク』といった作品にも影響を受けたのだと思います。

高校時代、バイオテクノロジーやウイルスに興味を持っていたこと、飽きっぽい私が生物の授業だけは飽きずに好きだったこと、文章を書くのが好きで作家になりたいと思っていたことを考え合わせると、今の仕事は私に一番合っている気がします。

学生や研究員と一緒にテーマを考え、ほかのラボとコラボレーションしながら生物学的な実験もし、論文にまとめていく仕事には、飽きるどころかますますおもしろさを感じているところです。

新型コロナウイルス感染症のパンデミックというマイナスな理由ではありますが、ウイルスにスポットが当たっている今、かつての私のようにウイルスに興味を持った子どもたちが、将来私たちの世界に足を踏み入れてくれたらうれしいです。

新しいウイルスによるアウトブレイク（感染拡大）、パンデミックは、新型コロナウイルスが最後ではありません。二一世紀のわずか二〇年の間だけでも、ＳＡＲＳウイルスやエボラウイルス、ジカウイルス、そして新型コロナウイルスなど、さまざまな新しいウイルスが出現し、人間社会を脅かしています。世界の人口が増え、世界の未開拓地の開発が進むにつれて、これまでは野生の世界でひっそりと暮らしていた未知のウイルスが、人間社会に突如出現し、アウトブレイクを引き起こす、という事態はこれからも続いていくと考えられています。

新型コロナウイルス感染症のパンデミックによって、私が高校時代にマンガや映画で触れていたストーリーは、フィクションではなくなりました。「ウイルスはどこから来るのか?」「種を超えるためにどんな変異を遂げるのか?」「感染してからどのように病気を発症させるのか?」というテーマの研究は、「すぐに役に立つ研究」ではないかもしれません。しかし、将来の未知のウイルスのアウトブレイクに備えることを考えた時、これらを理解するための基礎的な学問の必要性と重要性は、ますます高まっていくものと考えています。

註

（1） Ryuichi Kumata, Jumpei Ito, Kenta Takahashi, Tadaki Suzuki & Kei Sato. A tissue level atlas of the healthy human virome. *BMC Biology* 18(1):55, 2020.

（2） Yusuke Nakano, Keisuke Yamamoto, Mahoko Takahashi Ueda, Andrew Soper, Yoriyuki Konno, Izumi Kimura, Keiya Uriu, Ryuichi Kumata, Hirofumi Aso, Naoko Misawa, Shumpei Nagaoka, Soma Shimizu, Keito Mitsumune, Yusuke Kosugi, Guillermo Juarez-Fernandez, Jumpei Ito, So Nakagawa, Terumasa Ikeda, Yoshio Koyanagi, Reuben S Harris & Kei Sato. A role for gorilla APOBEC3G in shaping lentivirus evolution including transmission to humans. *PLOS Pathogens* 16(9): e1008812, 2020.

(3) Yoriyuki Konno, Izumi Kimura, Keiya Uriu, Masaya Fukushi, Takashi Irie, Yoshio Koyanagi, Daniel Sauter, Robert J. Gifford, USFQ-COVID19 consortium, So Nakagawa & Kei Sato. SARS-CoV-2 ORF3b is a potent interferon antagonist whose activity is further increased by a naturally occurring elongation variant. *Cell Reports* 32(12):108185, 2020.

第三章　さまざまなウイルスたち

「ヤドカリ」「ヤドヌシ」と呼ばれるウイルスの共生関係

岡山大学
資源植物科学研究所 教授

鈴木信弘

宿主に病気を発生させるウイルスは全体の一割にも満たない

私は宮城県の出身で、東北大学に進み、宮城県の野菜に病気を起こすウイルスの研究を始めました。そう言うと「地元の役に立ちたい」という立派な動機があったと思われるかもしれませんが、それほど真面目な学生ではありませんでした（特に学部生の時は）。

ウイルスは細胞があるところには必ず存在していますので、宮城県の野菜につくウイルスを片っ端から見つけてみようと思いたち、バイクに乗って県内の野菜サンプルを集めて実験を重ねていただけです。

植物ウイルス研究のおもしろさを教えてくれたのは、当時アメリカから帰国し、助手として東北大に着任したばかりの白子《しらこ》幸男先生（東京大学で教授を務められた後、退官）でした。非常にエネルギッシュな先生で、サンプル採取から研究手法まで手取り足取り教えていただいたおかげで、ウイルス研究のおもしろさや、研究者社会のおもしろさに触れました。当時、放任主義や徒弟制度が当たり前の大学院で、恵まれた教育を受けました。

ウイルスに感染して病気になった植物には、芸術的な美しさが出現します。植物ウイルスの病気は大半が葉に現れるのですが、それがきれいなのです。たとえば、一枚の葉に緑から濃い緑の部分と緑から黄色くなった部分が現れたり（モザイク症状と言います）、葉脈の緑色が抜け落ちたり、私には画家が描いたような芸術的な模様に見えました。植物を育てている方には申し訳ないと思いつつ、病気の植物にときおり感動すら覚えてしまうのです。

もう一点、植物のウイルスは実験がいとも簡単にできることに、魅力を感じました。検出したウイルスを植物にこすりつければ、病気が発生するかどうか調べられます。これがヒトに病気を起こすウイルスなら人体実験になってしまいますから、できるはずもありません。

こうした理由で、今も植物に関連するウイルスの研究を細々と行っています。ウイルス学の幕開けは、植物（タバコ）に「病気を起こす」ウイルスの研究として始まりました。植物ウイルスと同じように、動物ウイルスの研究もやはり家畜を病気にするウイルスの研究から始まりました。しかし現在では、植物、動物に限らず、宿主に病気を発生させるウイルスは全体の一割にも満たないことがわかっています。

「ヤドカリ」「ヤドヌシ」ウイルスの発見

その一割にも満たないウイルスによる植物被害は、私たちの生活に深く関わってきますので、今もその対策に寄与すべく研究を続けているのです。その一つが、ウイルスを使った生物防除で、インフルエンザワクチンなどヒトのワクチンのように、ウイルスを有効に使って植物の病気を防ぐ研究をしています。

植物の病気による被害で一番大きいのは、実はカビによるもので、私たちが研究室で扱っているのは、カビに感染するウイルスです。植物に病気を起こすカビにウイルスを感染させることで、植物をカビから守ることを目的としています。

ヨーロッパのグループはこの研究を行い、カビに感染するウイルスを使って、クリのカビ被害を防ぐことに成功しました。

　私たちの代表的な研究対象は、ブドウやリンゴ、ナシなど多くの果樹の根を侵してしまう白《しろ》紋羽病菌《もんぱびょうきん》というカビのウイルスです。白紋羽病菌は土の中にいる菌で、日本だけでなくヨーロッパでも果樹に大きな被害を与えています。

　この菌につくウイルスの研究は、農林水産省の兼松聡子博士たちと共同でスタートしました。兼松博士たちが日本全国から集めて送ってくれる白紋羽病菌を私たちが調べるのですが、その過程で不思議なパートナーシップを組む二つのウイルスを発見しました。

　両者の関係性から私たちがつけた名前は「ヤドカリウイルス」と「ヤドヌシウイルス」。以下はヤドカリ、ヤドヌシと表記しますが、名前が示すようにヤドカリはヤドヌシのタンパク質の殻（キャプシド）を借りて自らを包み込み、そこで自分の複製を生み出していくのです。

　ヤドカリ、ヤドヌシを見つけたのは、二〇一二年のことでした。送られてきた白紋羽病菌の株を調べていたら、二つのＲＮＡウイルスが見つかりました。考えられるのは、一つの細胞の中に二種類のＲＮＡウイルスが存在しているということです。

　ところが、ウイルス粒子を抽出してみると、一種類しかありません。これはおかしい、と思って詳しく調べた結果、見つかったのが一つの細胞内で共生していたヤドカリとヤドヌシでし

ヤドカリ&ヤドヌシウイルスの構造

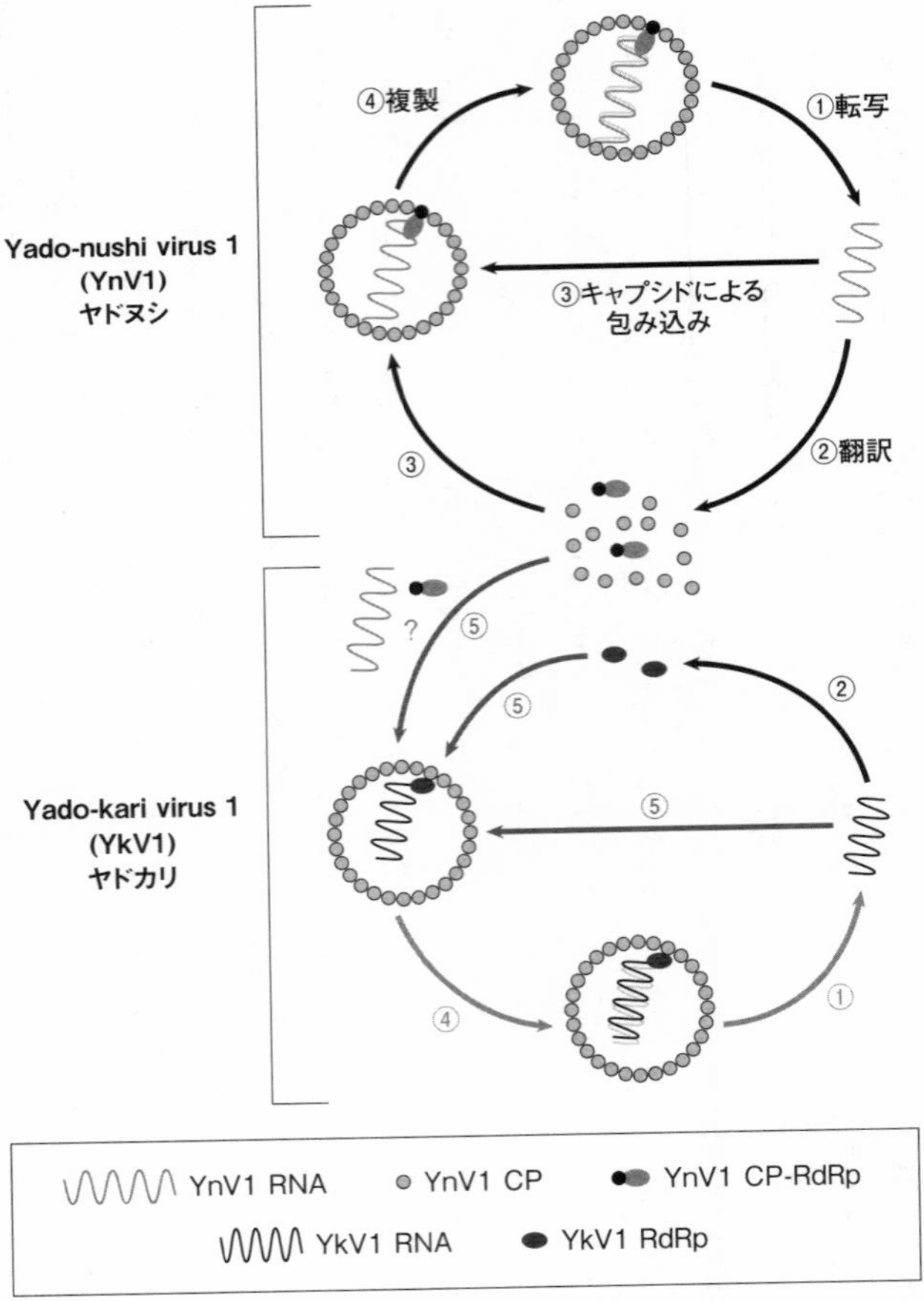

ヤドヌシは、自身の複製サイクルを自分だけで完了できるが、それに対してヤドカリは、ヤドヌシなしでは生存できない。ヤドヌシのキャプシドタンパク質を奪って自分を包み込み、ヤドヌシと同じ二本鎖RNAウイルスのような複製方法をとる。CPはキャプシドタンパク質、RdRpは複製酵素。

た。

異なるウイルスの同細胞内での共生

細かい話になりますが、ＲＮＡウイルスには二本鎖ＲＮＡウイルスと一本鎖ＲＮＡウイルスがあります。カビのウイルスに多いのは二本鎖ＲＮＡウイルスで、ヤドヌシがこのタイプです。一方、ヤドカリは私たちに食中毒を起こさせるノロウイルスに似ている、一本鎖ＲＮＡウイルスでした。

二本鎖ＲＮＡウイルスと一本鎖ＲＮＡウイルスでは、複製の仕方がまったく異なります。ヤドヌシのような二本鎖ＲＮＡウイルスは、粒子の中で複製を行いますが、一方ヤドカリのような一本鎖ＲＮＡウイルスは、通常感染した細胞の中にある膜の上で自分を増やしていくのです。タイプの異なる二つのウイルスがなぜ同じ細胞内で共生しているのか、なぜウイルス粒子は一種類しか見えないのか。ひょっとしたら、片方が他方のキャプシドをハイジャックして増殖しているのかもしれない。

この謎を解いていくために、ヤドカリのＲＮＡをＤＮＡに変換して感染性クローンを作り、増殖実験をしてみたところ、ヤドカリは単独ではカビの細胞内で複製ができません。ヤドヌシのほうは、ヤドカリがいなくても単独で複製しますが、ヤドカリはヤドヌシがいないと複製することができない、という結果でした。

先ほど述べたように、ヤドカリはヤドヌシと一緒に細胞内に入ることで、ヤドヌシのキャプシドを構成するタンパク質のキャプシドを借り受け、その中に自分の複製に必要なRNAと酵素を詰め込むのです。そして、あたかもヤドヌシと同じ二本鎖RNAウイルスのように、粒子の中で増えていきます。これを実験的に証明できました。

では、ヤドカリはヤドヌシのキャプシドをハイジャックして、自分だけが得をしているのかどうか。この問題に関しても、実験で答えが出ています。ヤドヌシは単独でも複製できるのですが、ヤドカリが一緒にいる時のほうが複製量は増すのです。ヤドカリは単なるハイジャック犯ではなく、キャプシドを借りた相手に子孫繁栄の恩恵を与えて、相利共生型のパートナーシップを保っていると言えます。

これは推測ですが、ヤドカリはウイルスの絶滅危惧種かもしれません。ウイルスのモットーは「自律複製」ですから、ヤドカリもやがては二本鎖RNAウイルスのキャプシドを自ら取り込んで、独り立ちするかもしれません。あるいは、ほかの一本鎖RNAウイルスのように宿主の膜を利用して複製できるように進化するかもしれません。

相次ぐ「パートナーウイルス」の発見

ヤドカリ、ヤドヌシウイルスの第一号は、日本の白紋羽病菌から見つかりましたが、私たちが発見したあと、南米やヨーロッパからも同じようなパートナーウイルスの発見が報告されるようになっています。

スペインではアボカドの根に生えた白紋羽病菌からヤドカリと似ているウイルスが発見されました。そのパートナーとなるウイルスを探しているところですが、日本のヤドヌシウイルスとは大分異なる二本鎖ＲＮＡウイルスのようです。

私たちの研究所は岡山県倉敷市の町中にあるので果樹を植えての実験はできないため、ヨーロッパの研究グループと一緒に研究を進めています。一つの菌株に複数のヤドカリと複数のヤドヌシ候補が混在しているものを見つけました。一種のヤドカリに対してヤドヌシ候補を総当たりで組み合わせ、ペアを探しました。ヤドカリ、ヤドヌシのペアが発見された瞬間は、なんだか幸せな気持ちになります。

おもしろいことに、スペインのヤドカリは、日本のヤドヌシとは共生関係が結べません。ヤドカリも節操なくタンパク質のキャプシドを借りる相手を探しているわけではなく、相性がぴったり合うパートナーを選んでいるのです。

また、ヤドカリ、ヤドヌシと同じような関係性を持つウイルスが、植物に生えるカビだけでなく、植物そのものにも感染していることもわかってきました。

ブラジルの研究グループからは、論文も発表されています。パパイヤの樹《き》に感染した二種類のウイルスが見つかり、やはり片方の一本鎖RNAウイルスがもう一方の二本鎖RNAウイルスのキャプシドを借りて増殖していたという発表です。このケースでは、相利共生関係は不明ですが、二種類のウイルスが感染すると病気が激しくなるようです。

私たちは、おそらく動物でもヤドカリ、ヤドヌシのようなウイルス関係が成り立っているウイルスが存在するのではないかと考えています。

冒頭に「宿主に病気を発生させるウイルスは全体の一割にも満たない」と述べました。ほんの数年前までのウイルス研究が「病原性の解明」に偏重していたことを思えば、ウイルス研究には計り知れない謎が残されています。ウイルス学の常識を覆すような新しいウイルスの発見も世界中から報告がなされているのです。

キャプシドを持たないハダカのウイルス

実は私たちも、ヤドカリ、ヤドヌシに続いて、また奇妙なウイルスを最近発見しました。やはりカビに寄生するウイルスで、これも名前を知ればその特徴がわかります。というより、まさに名が体を表しているウイルスで、「ハダカウイルス」と言います。

ウイルスはDNAかRNAの遺伝子をタンパク質でできたキャプシドで囲っただけの姿（ひも状、棒状、球状、弾丸状などいろいろあります）をしています。もともと「キャプシド一枚」しか持っていないのに、果樹につくカビから発見されたこのウイルスは、そのキャプシドさえないのです。

ウイルスは宿主の細胞内に侵入し、キャプシドが外れることでRNAまたはDNA遺伝子を細胞内に放ち、ウイルスを細胞内で増殖させていきます。しかし、キャプシドを持たないハダカウイルスは、どのような感染、増殖システムを持っているのか、まだ明らかになっていません。

ベールに包まれたハダカウイルスには、もう一つ、謎めいた大きな特徴があります。菌類のウイルスはマイコウイルスと総称されますが、大半のマイコウイルスはゲノムの分節を二本から八本持っています。分節というのは染色体に相当するようなウイルスのゲノムの断片のことで、たとえばヒトに感染するインフルエンザの分節は八本、乳幼児に下痢を起こすロタウイルスの分節は一一本。すべてのウイルスの中で、イネ萎縮ウイルス（ロタウイルスの兄弟ウイルス）の一二本が最大の分節数です。

ハダカウイルスは、ロタウイルスに並ぶ一一本の分節を持っています。キャプシドを持たず、粒子状になっていないハダカウイルスが、一一本もの分節をどのように維持しているのでしょう。これに関しては、私たちの研究室に所属している佐藤有希代博士が、中心になって調べています。

ヤドカリ、ヤドヌシの話に出てきた「感染性クローン」を使っての実験は、私たちウイルス研究者にとっては大きな武器です。RNAをDNAに転換させてしまえば、自在に変異を入れたウイルスを作れることになります。

目星をつけた遺伝子の領域に変異を入れて細胞に植え、どういう現象が起きてくるかを観察するのは今でも好きです。「ウイルスを研究している」という実感がじわ〜っと湧いてくるからです。ハダカウイルスでも「感染性クローン」ができれば、その大きな謎に立ち向かうことができるようになります。

ネオウイルス研究の醍醐味《だいごみ》

「お前、植物やカビにウイルスを接種して何が楽しいんだ？」

ほかの人から見ればそう言われそうですが、ネオウイルス学のグループに入っているウイルス研究者、中でも昭和世代のウイルス研究者は、みんな実験の楽しさを共有していると思います。ウイルス研究者にとっては、ウイルスをさまざまな方法で宿主に接種させる（感染させる）ことができて、初めて「ウイルスを材料としている」と言えます。しかし、菌類ウイルスには、接種が難しいウイルスがたくさんあります。菌類のウイルスは、コロナウイルスのように接触して、あるいは飛沫《ひまつ》を通じて、感染することはありません。また、植物ウイルスのように、こすりつければ感染する、というものでもありません。糸状につながっている細胞をバラバラにして、ウイルスを入れてやり、さらに再び糸状に再生して感染させます。

よく言われるように、実験は失敗のほうが多いのが常です。地道に努力しても、一〇回に一回思った通りのきれいな結果が出れば上出来です。近頃は雑用に追われ、私自身が実験台に向かうことは少なくなりましたが、研究員たちが独自のアイデアで結果を出してくれるとうれしいです。特に、こちらの予想と違う時は、大きな発見の可能性を孕《はら》んでいるので興奮します（外れる時のほうが多いのですが）。ちなみに私たちの研究室はアジアやアフリカ地域からの留学生が多く、少々古い例で言えばルー大柴さんの「ルー語」のような、英語交じりの日本語が飛び交っています。

この一〇年間を振り返ると、ヤドカリウイルス、ヤドヌシウイルス、ハダカウイルスと、幸運にも新しいウイルスを三つも発見でき、しかも三つとも日本語のウイルス名が受理されました（市民権を得るにはもう少し時間がかかりそうですが）。

これまでセンダイウイルス、キョートウイルス、トーキョーウイルスなど、日本の地名のついたウイルスはありましたが、日本語の一般名詞がついたウイルスは珍しいと思います。幸せを感じますし、研究者冥利《みょうり》に尽きますね。

ウイルス学は地味な学問ですが、その中でもカビのウイルス研究はもっともマイナー分野かもしれません。しかし、私にとっては常に知的好奇心をくすぐられ、おもしろさが増すばかりです。

ヤドカリ、ヤドヌシとハダカウイルスの研究は、ネオウイルス学領域の重要なテーマにもなっていますので、これらのウイルス研究を足掛かりに、菌類ウイルスのネオライフスタイルを解明したいと考えています。ウイルスは、私にとって研究材料というより、もっと身近な、愛《いと》しい存在です。女房よりも長いつき合いなので、当然かなとも思っています。

海とウイルスと私

高知大学　教育研究部
自然科学系理工学部門　教授
長﨑慶三

ウイルスだらけ

コップ一杯の海の水。この中に、数百億を超えるウイルスが浮かんでいるという……。ちょっと信じ難いですよね。でも本当です。海だけではありません。池でも湖でも、自然界の水の中にはとてつもない数のウイルスが浮かんでいます。幼い頃、海で泳いでいたら思わず水を飲んでしまった。あのほんのわずかな海水の中に、実は何億個というウイルスがいたということです。「ウイルス？　もしかして病気の原因に……」。そう連想してしまいますよね。でも大丈夫。海や湖沼などに存在する「水圏ウイルス」は、ヒトの健康に影響をおよぼすものではありません。

彼らは小さすぎて見えませんが、いずれも水圏環境中の生物と深い関係性を保ちながら存在しています。この節では、水圏ウイルスをめぐるいくつかのトピックと、水圏ウイルスに大きく影響された私自身の話を紹介したいと思います。

水圏ウイルス研究へのいざない

私がウイルスの存在を強烈に意識したのは、京都大学農学部・石田祐三郎教授の研究室に大学院生として所属していた頃でした。当時その研究室では、結構な頻度でセミナーが開かれていました。特に大学院生のセミナーでは、複数の論文を読みこなし、後輩たちのお手本になるような「ストーリーに膨らみのある、さらにかゆいところに手の届くような（わかりやすい）発表」をすることが、伝統として求められていました（少なくとも私はそう感じていました）。ただの発表じゃダメだ、さらにウケも欲しい、毎回似たようなネタでは飽きられる。新たなネタ探しにと、図書室屋根裏の書庫に立ち寄った時のこと（インターネットのない時代の話です）。

きっと引き寄せられたんでしょうね、運命的な何かに。ふだんは決して立ち入ることのない奥の奥のかび臭い棚に並んだ「Virology（ウイルス学）」という雑誌のバックナンバー。初めての対面でした。

「そういえば自分、赤潮プランクトンの仕事始めて長いけど、プランクトンとウイルスの関係についての研究って、例があるのかな?」

当時の自分は、そのあたりのこともまったく知りませんでした。目次を開き「Alga（藻類）」で検索すると……なんと「有るやん」。クロレラウイルスの研究ね、どれどれ。

そのページを開いた瞬間の衝撃。「きれい……電顕切片に写る六角形（ウイルス粒子断面）がきれいすぎ……」。

そのまま一気に論文読破。それからも、孫引き孫引きで、しばらくは実験中断。ひとしきり読んでため息。「これ、おもしろいわ……」。

ウイルスを、宿主藻類であるクロレラに感染させると細胞内でウイルスが増殖。やがてクロレラ細胞の死滅に伴い、大量のウイルスが環境中に放出されてくるという素敵な仕掛け。クロレラは液体培養だけでなく寒天プレートにも平気で生えるから、プラークアッセイ（寒天プレート上でのウイルスの計数法）も自由自在。それらの材料と手法を駆使して、さまざまな分野の筆者（右）の運命を大きく変えた超強力タッグチーム、エッテン博士（左）とメインツ博士（中央）。

研究チームとどんどんつながっていくジム・ヴァン・エッテン博士（ネブラスカ大学）＆ラッセル・メインツ博士（オレゴン州立大学）の超強力タッグチーム。続々と出てくる新たな論文。

その勢いを仰ぎみて、当時、学生だった自分が何を感じたか。……正直に白状します。

それは、まごうことなき「羨望」でした。明らかに研究の発展と人脈の広がりを悠々と楽しんでいるその風情。究極的に美しいウイルスの姿。同時に、主人公である二人に対し強い憧れを持ちました。自分もいつか、赤潮の仕事とウイルスの仕事を重ね合わせることはできないだろうか。自分だけのウイルスを飼って調べることはできないだろうか。そんな思いを持って、研究室のセミナーではクロレラウイルスに関する一連の論文を紹介し続けました。

ある日のこと。「自分ね、将来、赤潮のウイルスとか研究できたらええなぁて思っとんですけど」。そんな言葉を発した自分に、とある先輩、こうおっしゃった。「そんなんムリムリ、そんなウイルスおれへんて。これだけ先人がやって一個も見つかってないんやから」。いいですね、その挑発的なセリフ。というか、根性一式たたき込んでやろうかと思わず突っ込みたくなるようなその反応。こちとら算数のドリル解いているわけじゃねんだよ。やってんのは科学だよ。カ・ガ・ク！　答えがないかもしれないけど、挑戦するのは自由だろう。まぁそうはいっても、当時の研究室は年功序列……言いたいことは胸に収め。でも結果的に、結構な反骨心を植え付けていただいたおかげで、猛勉強の末、めでたく国家公務員試験に合格。水産庁に入ることができました。配属されたのは水産庁管轄の南西海区水産研究所赤潮環境部（広島県廿日《はつか》市市《いち》、現・水産研究・教育機構）。当時のボスの今井一郎先生（現・北海道大学名誉教授）との初日のやりとりは以下の通り。

「よう来たなぁ。で、あんたはここで何をやりたいんや？」

「赤潮のウイルス、研究できたらと思ってます」

「さよけー。ほな、やってみ。わしの研究費、なんぼか分けちゃるけん」

人の仕事ってこんな風に決まっていいんですかね？　評価評価の今にはない、牧歌的な風がさらさらと研究世界にも吹いていた時代。今でも、あの時の今井先生の寛大なる応援には心から感謝しています。

赤潮ウイルスの発見

勇んで宣言したものの、さてどうやれば赤潮ウイルスが見つかるのか、手に入るのか。手探り状態からの出発でした。しかし日頃の行いか（！）。入所して二ヵ月ほど経ったある日の赤潮調査で、同僚の板倉茂博士（現・水産研究・教育機構）が汲《く》んだ一杯の赤潮海水。なんとそこから初めての赤潮ウイルスを見つけることができたのでした。後のボスになる山口峰生博士（現・水産研究・教育機構）が電子顕微鏡写真を見て発せられた一言は今でも忘れません。「これ、ヘテロシグマやないか。これは発見やで、うん！」。

当時の南西海区水産研究所にはウイルス観察に必要な透過型電子顕微鏡もウルトラミクロトーム（超薄切片作製機）もありませんでした。日本電子や日立製作所の方々、近畿大学の安藤正

ヘテロシグマ（赤潮プランクトンの一種）の細胞断面

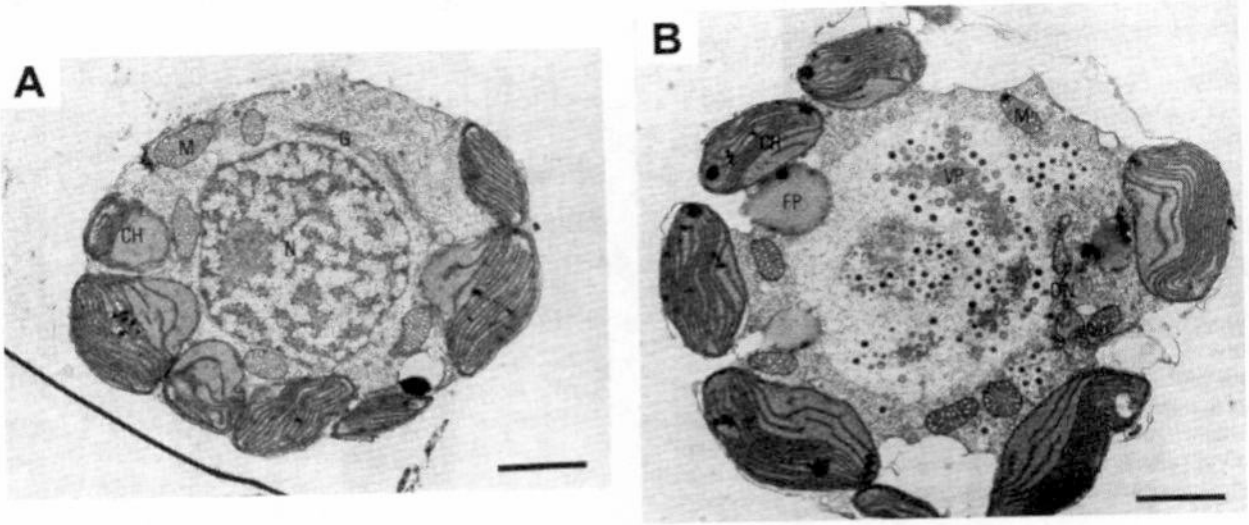

A: 健康な細胞、B: ウイルスによる感染を受けた細胞。Bの中央に見える黒い粒々がウイルス。

史博士ら、多くのみなさまに無理を聞いていただけたからこそのビッグゲインでした。しかも宿主はヘテロシグマという、大関・関脇クラスの重要赤潮種。めっちゃ興奮しましたね。就職して半年ほどで、がっつりと手ごたえある論文ネタが見つかったわけですから。

赤潮ウイルスデビュー

早速その内容を日本水産学会大会で口頭発表。今でも思いますが、写真っていうのは説得力がありますね。どんなたくさんの言葉や図表を示すよりも、それはもう圧倒的に。会場は、次々と映し出される赤潮藻細胞内の六角形粒子の写真にかなり盛り上がってくれていたと思います（スライドを替えるたび「ザワザワ」とか「オー」とか聞こえてきました）。初めて見るヘテロシグマウイルスの姿。赤潮研究の世界におけるまったく新しい発見に立ち会えたと感じてくれた方もおられたでしょう。それが証拠に、座長を務めてくださった東京大学・木暮一啓教授（現・琉球《りゅうきゅう》大学）が、私の講演が終わるや否や、聴衆の方々に向けてこう言ってくださいました。「さぁみなさん。これで午前の発表はすべて終了です。食事はあとでゆっくり取っていただくとして、ただいまの講演内容について時間無制限で議論しようじゃありませんか！」。

うれしかったですね。新たなウイルスの発見という成果が、こんなにも喜んでもらえる。興味を持ってもらえる。エキサイトしてもらえる。実際、大勢の聴衆のみなさんが長く会場に残ってくださり、たくさんの質問やエールをいただくことができました。こういう瞬間って、研究者人生の中でもなかなかないわけです。というか、一度でもこんな経験をしてしまうと、なかなかその世界から足を洗うのが難しくなるんですね。事実、一度は研究現場を離れ「マネージメントポスト（出世コース？）」に移ったはずの自分が、またこうしてウイルス学の世界にのこのこ舞い戻ってきてしまっているわけですから。この講演の際にいただいたモチベーションは長く続きました。脳内麻薬出っぱなしですからね、少々のこともつらくない。現場の二四時間観測とか、GWをすべて潰しての赤潮調査とかも、まるっきし平気なわけです（むしろ充実感満載）。やがて若い仲間ができ、チームができ、予算が取れ、そして数多くの新種ウイルスの単離にも成功し、性状解析と成果の発信に熱中しました。海外チームからも「Algal virus hunters（藻類ウイルス狩人組）」なる称号をいただき、あちこちの国で講演もさせていただきました。樽谷《たるたに》賢治博士・外丸《とまる》裕司博士（現・水産研究・教育機構）らをはじめとする当時の強力な若手メンバーには、ただただ感謝の思いしかありません。

赤潮藻細胞内のウイルス粒子の発見自体は、今だったらたいしたトピックではないかもしれません。実際、その時点で見えたのはウイルスの影絵だったわけですし。でも、一つ言えるのは、あの頃の自分を、本当にたくさんの人たちが支えてくれたということ。みんなが、本当に本気だった自分を心から応援してくれたということは、自信を持って言えます。私はよく、若い人たちに話します。「他人に、応援したい、助けてあげたいと思ってもらえるのは、その人の能力や。研究でも別の仕事でも、それは欠かさざるべきアビリティや。あいつは熱意を持って真摯に事にぶつかっていってるなぁ、本気で望んでるなぁ、良い準備をしているなぁ、ちゃんと御礼を言うなぁ、挨拶するなぁ、かわいいとこあるやんか。人は、そういう人を応援したいと思うんや。そんな存在になることができたら、それもひっくるめてその人の力なんやないかな」。人生の重要な場面で、私はいろんな方々に助けられました。今度は自分が、若い世代を助ける側にまわることができればと思っています。

水圏ウイルス時代の夜明け前

このウイルスの発見は私に留学のチャンスもくれました。留学先として選んだのは、冒頭に述べた「海水中にウイルス一杯」というすごい発見を成し遂げたグナー・ブラットバック博士&ミカル・ヘルダル博士のいるノルウェー国・ベルゲン大学。留学先での一年間、彼らの下には、水圏ウイルスの世界を究めんとする若い研究者たちが続々と訪ねてきました。「水圏ウイルス学のメッカ（巡礼先）」での夢時間。それまでさほどでもなかった「水圏ウイルス学」という釜の温度が一気に高まろうとしていた時代でした。

ある日の三人でのコーヒーブレイクのこと。

「時は来た。そろそろ世界の各所でバラバラに藻類ウイルスの研究をしているメンバーを集めてワークショップ（国際研究集会）をやろうと思うが、どうだろう？」

どうもこうも大賛成のほかない。「それなら会場は水圏ウイルスのメッカであるベルゲンでしょ！」。そこからはトントン拍子。日程から会場まで、あっという間に段取りが決められていきました。あのコーヒーブレイクの雑談こそが、今なお脈々と続く「国際水圏ウイルスワークショップ」の産声だったわけです。「第一回藻類ウイルスワークショップ」の開催は一九九八年。二〇二一年にはアニバーサリーである第一〇回大会の京都開催が予定されています。人と人、分野と分野をつなぎ、ざわめかせ、四半世紀にわたりいくつもの「化学反応」をもたらしてきたこのワークショップ。あの日、北欧の地でその小さな産声を聞けたことは、実は私の密《ひそ》かな自慢です。

留学の余談です。ノルウェー滞在中に、当時ベルゲン在住の家内と巡り会うことができたのも、ウイルスがくれた奇跡だったのかもしれません。あの時、図書館の奥まで足を運んでいなかったら、赤潮の中にウイルスを見いだせていなかったら、留学条件だった英検試験時の鉛筆サイコロが当たってくれてなかったら（笑）。……いくつもの「たら」たちに助けられ、今の人生に至ったのだなぁと思うと、感慨深いものがあります。

赤潮をやっつけろ

水産研究所時代、私の赤潮ウイルス研究の目標は「ウイルスを用いて有害赤潮を防除すること」でした。夢があるでしょう？　実際、このテーマは、水産研究所の中でも先進的な試みとして多くの方々からサポートをいただきました。赤潮は、主に植物プランクトンの大量増殖により水面が着色する現象です。増殖するプランクトンの種類によっては魚介類の大量死につながるため、赤潮を退治する技術の開発が長く望まれてきました。謎のウイルスを散布するとあら不思議……みるみる赤潮が消えていく……そんな夢のようなイノベーションを描いて研究を行っていました。天然のウイルスを使って赤潮を退治できるなら、環境にも悪影響はないだろう。感染はどんどん広がっていくはずなので少量のウイルス散布で赤潮防除が実現できるのではないか？　本気でそう信じ、日々実験を重ねていました。

しかし得られたデータは、微生物の頑強さを改めて思い知らせてくれるものでした。ウイルスによる赤潮退治はきわめて難しい、今の私がそう考えるようになった理由は以下の通りです。

① 赤潮は一見、同じ形の同じサイズの同一種細胞の集合体だが、実際には個々の細胞間でウイルスに対する感受性パターンが微妙に異なる。したがって、一つのタイプの（ある限定された宿主範囲を持つ）ウイルスを天然の赤潮に接種しても（一部はそれにより死滅するかもしれないが）多くの細胞は生残する。生残した細胞は増殖し、赤潮状態になる。

② ウイルスに最も有利な条件を揃えたフラスコ内の実験でも、ウイルスは宿主プランクトン

細胞を完全に駆逐せず、一部の細胞が生残する。生残した細胞は、どんどん分裂して程なく赤潮状態になる。

これは、パンデミックに曝《さら》された人類についても同じことが言えます。どんなに猛威を振るうウイルスであっても、宿主である「ヒト」をすべて殺すということはありません。致死率一〇〇%のウイルス病など存在しない。ウイルスにとって、貴重な宿主を絶滅させてしまうことは、自分たちの増殖・存続の可能性を消すことにほかならないからです。

ただし、少なくともある種の赤潮の終息時期にウイルスがプランクトン細胞を殺していることはまごうことなき事実です。赤潮プランクトンは、その数が増えていくにつれ徐々にウイルスと出あう確率が高まり、ウイルス感染の広がりとともに赤潮が終息する。そのシナリオもおそらく正しいと思います。赤潮という劇的な生物現象にウイルスがどのように関わっているのか、まだまだ精査すべきことが多く残されている、非常に楽しみな分野だと思っています。

ウイルスと宿主のどつき漫才

ウイルスは宿主に感染するもの、病気を起こし殺すもの。藻類ウイルスハンターだった私たちは、とにかく赤潮プランクトンを殺すウイルスを精力的に探してきました。そして、ウイルスが細胞内でガンガン増えて、細胞が今や死なんとする瞬間の六角形粒子の画像を見ては、「美しい〜」と感動していたわけです。宿主は被害者、ウイルスは加害者。私自身、そんなイメージに長くとらわれていました。

しかし、これはウイルスのほんの一側面でしかありません。劇場やテレビで大迫力の「どつき漫才」をご覧になったことがありますか。一見すると、どつき役はただの乱暴者に見えるかもしれません。しかし、彼らの間には楽屋裏での綿密な打ち合わせがあり、いきすぎた「暴力」になってしまわないようお互い綿密な申し合わせをしているはずです。同じ列車に乗り、同じ宿に泊まり、同じ楽屋で出番を待つ。彼らが派手な「どつき合い」を演じるのは、彼らの過ごす時間のうちのほんの一部に過ぎません。

ウイルスと宿主も、遠い昔、どこか裏側の世界で「約束」をしたのではないでしょうか。「君たちを駆逐しない、だから少しだけ我々の増殖に手を貸してくれないか」「我々に壊滅的な被害を与えないのであれば、貴方たちを増やすのに協力する」、そんな申し合わせです。

近年の研究は、ウイルスが生物の進化に間違いなく重要な役割を果たしてきたという証拠を次々と明らかにしました。ウイルスは、宿主を攻撃する場合も確かにあるけれど、宿主の生存の可能性を高めるためにも大いに働きうる。こうした宿主とウイルスの姿を、高い高い雲の上から神様が見たら、「ほんとに君らは仲良しじゃな」とツイートされるのではないでしょうか？

豊かな海の幸はウイルス様のおかげ？

閑話休題。

海洋にはさまざまなプランクトンがいますが、最も主要な植物プランクトンは珪藻類《けいそう》です。二〇世紀、ぽつぽつと藻類のウイルス発見が報じられる中、珪藻に感染するウイルスだけはまったく見つかりませんでした。珪藻は周りにガラスの殻を持っているからウイルスが感染できないのではないかという説を唱える研究者もいたほどです。しかし二〇〇四年、幸運にも私たちは最初の珪藻ウイルスを単離することに成功しました。それ以来、珪藻ウイルス研究の灯は、外丸博士（前述）・木村圭博士（佐賀大学）らによってしっかりと守られています。

外丸博士が発見した、珪藻ウイルスにまつわる非常に興味深い知見があります。珪藻がどんどん分裂して増えていくと、時に分裂速度の遅い細胞（いわゆる「老いた細胞」）が現れる。すると、ウイルスは選択的にこれを攻撃します。元気に増殖している細胞はウイルスに対しても耐性がありますが、「老いた細胞」はウイルスに乗っ取られ、大量の子孫ウイルスを放出しながら崩壊していきます。「老いた細胞」だけが殺されるのはひどい、残酷、と感じられるかもしれません。でも、珪藻個体群全体として見れば、老いた細胞の成分が環境中に放出され、細菌による分解を受けて栄養塩として再び利用できる形になる（リサイクルされる）ことは、むしろプラスなわけです。珪藻個体群は、ウイルスを利用しながら自分たちの細胞集団を「若く元気に増殖する状態」に維持している、すなわち「若返り」を図っていると言えるかもしれません。こんな関係を雲の上から神様が見たら……（以下略）。

珪藻が多い海域では魚介類もたくさん育ちます。ウイルスが珪藻集団をベストコンディションに整えてくれている重要な脇役であるとすると、豊かな海の幸を支える上でウイルスがきわめて重要な役割を果たしているということがおわかりいただけるでしょう。今日の夕餉《ゆうげ》の刺身盛が、一部にはウイルス様のおかげなのだと考えると、なんだか不思議な感じですよね。

ウイルスへの関心を一般に広めたい

ウイルス学の世界では、水圏ウイルスに携わるメンバーの割合はごくわずかです。でも今回、「ネオウイルス学」の仲間に加えていただいたことで、少し明るい場所に出してもらったような気分です。また新型コロナの発生により、一般の方々のウイルスへの興味が急激に高まったのでしょう。私たちのような辺境のウイルス分野にも、少しずつ研究に関する問い合わせが来るようになりました。以前よりも頻繁に取り上げられるようになった水圏ウイルスの記事やニュースが、新しい知恵や技術につながることを期待します。

ニュースのヘッドラインにウイルス関連の記事を見かけない日はとんとなくなりました。それでも、「ウイルスってなぁに?」と小さな子どもに真顔で聞かれた時、大人たちが正しい情報をきちんと伝えられるかというと、これがなかなか難しい。なので私は、ウイルスの正体や多様性を多くの人に知ってもらえるような活動を続けていきたいと思っています。世界で一番ゆる〜く学べるウイルス学の本を書いてみたいですね。寝転んで読めて、難しい言葉一切なしで、でも読み終わったら何となくウイルスがわかった気分になれるような。そんな情報の伝え方を探ってみたいと思っています。

謝辞

ネオウイルス学の中で水圏ウイルス班メンバーとして大いにご活躍くださいました緒方博之博士・吉田天士《たかし》博士・遠藤寿博士（京都大学）、布浦拓郎博士・高木善弘博士（海洋研究開発機構）、浦山俊一博士（筑波大学）、外丸博士・木村博士らにこの場を借りて深謝申し上げます。

ウイルスは生命の一部であり移動する遺伝体

東海大学 医学部
分子生命科学 講師

中川 草

ウイルスのゲノム解析

本書に登場するのは大半がウイルスの専門家ですが、私は異なる分野からネオウイルス学の研究に携わっています。

私の専門は、さまざまな生物のゲノム配列を比較解析する研究です。ゲノム配列とは、生物の細胞の中にあるＤＮＡの塩基配列（シークエンス）で、生物を構成するために必要なすべての情報があります。ウイルスの一部は、例外的にＲＮＡの塩基配列がゲノム配列の場合もありますが、これらの塩基配列を読み取る技術が、一五年ほど前から驚異的に進歩してきました。

二〇〇三年に中国を中心に世界中に広がったSARS（重症急性呼吸器症候群）コロナウイルスと、二〇二〇年にパンデミックを起こした新型コロナウイルスのゲノム配列の決定手法を比べると、その差がおわかりいただけると思います。

SARSの発生時は、患者から分離したウイルスを、別な細胞で培養することでウイルスを増殖してからRNAを抽出し、それを逆転写という手法でDNAに変換してからシークエンサーと呼ばれるDNA配列を読み取る機器を使って配列決定していました。

一方で、現在は一度に大量の塩基配列を読める「次世代シークエンサー」を利用できます。新型コロナの発生時はウイルスを分離培養することなく、感染者の胸水のサンプルから回収したRNAをそのままDNAに逆転写し、次世代シークエンサーによって塩基配列が決定されました。決定した塩基配列にはヒト由来のRNAもたくさんありますが、そこからウイルスと思われる配列を探し、それをジグソーパズルのように組み立てて、新型コロナウイルスのゲノム配列を決定したのです。患者さんのサンプルを採取してからウイルスゲノムの解析まで、早ければ一日二日もあれば可能になりました。

現在、ウイルス学の分野では、土壌や海水などの環境やさまざまな生物からサンプルを採取し、次世代シークエンサーを活用したゲノム解析が盛んです。これを、我々の専門的な言葉で「メタゲノム」、あるいは「メタトランスクリプトーム（RNAの場合）」と言います。

近年新しいウイルスの発見が目覚ましく増加しているのは、メタゲノム解析の効果です。従来はサンプルからウイルスを分離、培養、増殖させる過程を経て「ウイルスがいる」と認識していましたが、現在ではウイルスのゲノム配列情報だけで、「ウイルスがいる」と認識されるようになってきたのです。

私自身もメタゲノムの手法でウイルス研究に携わるようになり、今ではウイルスのおもしろさにどっぷり浸《つ》かる日々を送っています。

ヒトのゲノムにもウイルス由来らしい配列が

ウイルス研究に私が初めて関わったのは、二〇〇九年のことでした。

「哺乳類の細胞に感染したウイルスのゲノムが、感染した生物のゲノムに組み込まれ、生殖機能になんらかの役割を果たしている。そうしたウイルスの痕跡をもっと見つけたい」

京都大学の宮沢孝幸先生からの、こんな依頼を受けたことがきっかけです（99ページに関連記述）。大学院時代から生物のゲノム配列を比較し、ゲノムがダイナミックな進化を遂げていることに着目していた私には、とても興味深い依頼でした。

ウイルスと私の関わりは、「病原体としてのウイルス」ではなく、「生物の体内に内在しているレトロウイルス」という、ネオウイルス学的な研究から始まったのです。

私たちヒトのゲノムにも、ウイルス由来らしい配列が数多く見られます。しかし、それが本当に外から体内に入ったウイルスの痕跡なのか、本来ヒトの体内にあったものなのか、場合によっては区別が非常に難しい。それを研究するためには、ウイルスのゲノムを知るだけではなく、ヒトのゲノムや免疫機能も知る必要があるので、その両方を追究しています。

ウイルスの変異に関する研究に本腰を入れ始めたのは、アメリカでの研究を経て現在の研究室に所属した二〇一三年からです。研究仲間の竹内（柴田）潤子先生（現・明治大学）の紹介で知り合った佐藤佳先生（現・東京大学）と、エボラウイルスの変異に関する研究を共同で始めました。

ウイルスは生物の細胞に吸着し、細胞の膜と融合して細胞内に入ることで感染を起こします。細胞に入る時の鍵となり、細胞側にある鍵穴を破るタンパク質を研究することは、それを攻撃のターゲットにするワクチンの開発にもつながります。

新型コロナウイルスの場合は、Sタンパク質がヒトの細胞の膜にあるACE2（エースツー）というタンパク質を受容体として、細胞内に侵入することがわかっています。エボラウイルスでは、新型コロナウイルスのSタンパクに当たるものがGPと呼ばれるタンパク質ですので、その変異を調べました。

私の研究室には実験装置がなく、私自身も実験はしません。常にコンピュータとにらめっこをするのが日課で、刻々と変異していくウイルスのゲノム配列を見て、タンパク質の変化や、アミノ酸置換を見ています。アミノ酸置換とは、タンパク分子の中のアミノ酸が別のアミノ酸に突然変異する現象で、たった一つのアミノ酸が変わることでウイルスの機能がガラリと変わることがあるのです。

私たちは配列解析の結果から、エボラウイルスのGPタンパク質の八二番目と五四四番目のアミノ酸変異が特徴的であることを発見し、後に黒崎陽平先生（長崎大学）たちにも研究に加わっていただき、それらの変異が実際に感染効率に関わっていることを明らかにしました。このように、私の研究は実験を行えるパートナーと組むことがほとんどです。

底知れないウイルスの種類

ウイルスの解析を本格的に始めてから一〇年ほど経ちましたが、初めのうちはギョッとしたり、戸惑ったりの連続でした。ゲノム解析という意味ではそれまで行っていた生物と同じですが、ウイルスは私が認識していた系統関係にまったく当てはまらないのです。

生物の場合なら、脊椎動物、哺乳類などと分類していけば覚えやすい。たとえばヒトとチンパンジーが近く、その次にゴリラが近く……という系統関係が描けます。

ところが、ウイルスの分類は、そうした系統的な分類とはまったく一致しません。しかもウイルスの系統は、宿主の系統と一致しないことも多いのです。ヒトに感染する新型コロナウイルスに近縁なウイルスは、ヒトに近いチンパンジーやゴリラが持っていたウイルスではなく、キクガシラコウモリが持っていたウイルスでした。つまりウイルスは、種の垣根をいとも簡単にジャンプして、突然ヒトに病気を起こしたりするのです。

しかも、各ウイルスの系統も複雑です。たとえば、RNAウイルスである新型コロナウイルスは、同じRNAウイルスのインフルエンザウイルスと近いかと言えば、まったく違います。

生物分野の系統関係は、一度覚えてしまえば全部にそれが当てはまるのですが、ウイルスは新しいものを扱うごとに、頭を真っさらにして一つ一つ勉強し直さなければならない。ウイル

コロナの系統樹

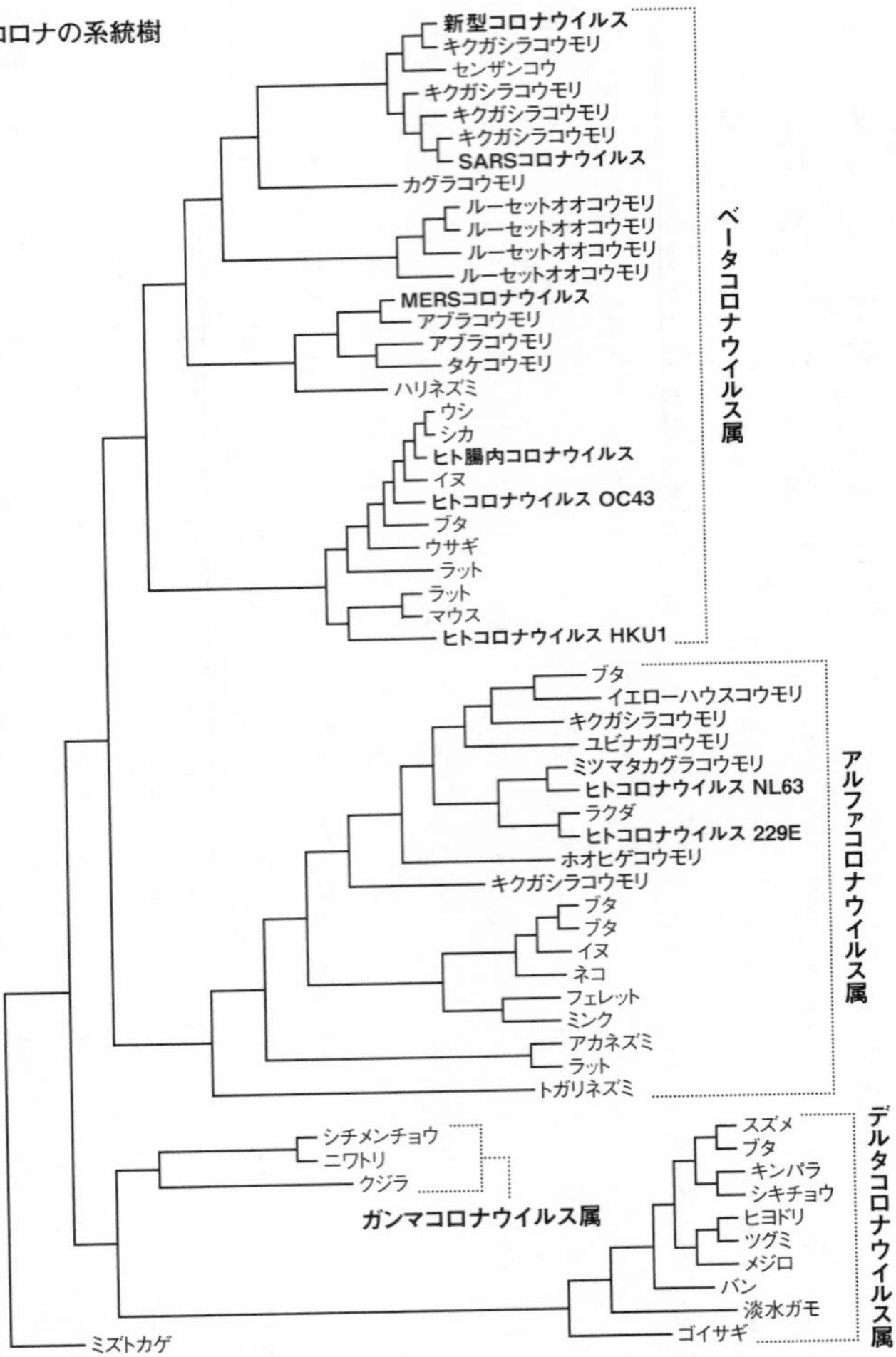
新型コロナウイルス
キクガシラコウモリ
センザンコウ
キクガシラコウモリ
キクガシラコウモリ
キクガシラコウモリ
SARSコロナウイルス
カグラコウモリ
ルーセットオオコウモリ
ルーセットオオコウモリ
ルーセットオオコウモリ
ルーセットオオコウモリ
MERSコロナウイルス
アブラコウモリ
アブラコウモリ
タケコウモリ
ハリネズミ
ウシ
シカ
ヒト腸内コロナウイルス
イヌ
ヒトコロナウイルス OC43
ブタ
ウサギ
ラット
ラット
マウス
ヒトコロナウイルス HKU1
ベータコロナウイルス属
ブタ
イエローハウスコウモリ
キクガシラコウモリ
ユビナガコウモリ
ミツマタカグラコウモリ
ヒトコロナウイルス NL63
ラクダ
ヒトコロナウイルス 229E
ホオヒゲコウモリ
キクガシラコウモリ
ブタ
ブタ
イヌ
ネコ
フェレット
ミンク
アカネズミ
ラット
トガリネズミ
アルファコロナウイルス属
シチメンチョウ
ニワトリ
クジラ
ガンマコロナウイルス属
スズメ
ブタ
キンパラ
シキチョウ
ヒヨドリ
ツグミ
メジロ
バン
淡水ガモ
ゴイサギ
デルタコロナウイルス属
ミズトカゲ

※太字で示したヒトに感染するコロナウイルス以外は宿主名を表記

スは最初のうち、非常にとっつきにくい相手でした。

しかし、知れば知るほどウイルス学の広さと深さに惹かれていきます。地球上にはまだ分類されていない昆虫類や霊長類が膨大にいると言われていますが、その生物にさまざまなウイルスが寄生していることを思えば、ウイルスの種類は底が知れません。現在わかっているもののほうが断然少ない、ということしかわかっていないのです。

リアルタイムの変異が研究対象

ウイルス研究に携わる以前、ウイルス学に対して「エッジ（辺境）」のイメージを抱いていました。生物学の主流からすると、端の部分に位置するように思えたのです。今でもそのイメージは変わっていませんが、エッジから見える景色の豊かさや、周辺とのつながりの多さに驚いています。

ある部分を突き詰めていくと思いもしなかった出口に導かれる、ということが、ウイルス研究には非常に多いのです。ウイルスは宿主の仕組みを巧みに利用して増殖するので、ウイルスを調べるうち、結局は宿主について深く調べることになっていきます。

先述のように、ウイルスの遺伝子を調べることが、胎盤の仕組みを調べることにもつながるわけですが、胎盤はがんと密接な関わりがあることが知られています。がん細胞は「細胞浸潤」といって、組織や臓器の中に侵入し、血管から栄養を勝手に奪ってしまいますが、このメカニズムが胎盤とよく似ているのです。実はがんの組織にも、ウイルスに由来する配列の発現が見られる場合もあり、ゲノムの中に内在化したウイルス由来の配列とがんの関連については、私たちも解析を進めています。

私の分野から見たウイルス研究のおもしろさに、ゲノムサイズと変異の速さがあります。新型コロナの三万塩基は、三〇億塩基というヒトのゲノムに比べれば、ごく小さなものですが、その小さなゲノムが生物に大きな影響を与えていくのです。しかも、変化のスピードが甚だしい。およそ一年間に二四、二五個ぐらいの塩基の変異が蓄積し、加えて蓄積しないさまざまな変異を含めダイナミックに進化しています。ということは、今存在している新型コロナウイルスは、流行初期の新型コロナウイルスと、ある意味別のコロナウイルスになっているわけです。これほどのスピード変化は、ほかの生き物ではありえません。

ほんの小さな変異がウイルスの機能を変えてしまう例も、多く見られます。先ほどアミノ酸置換の例を挙げましたが、東大の佐藤先生と共同研究を行った新型コロナウイルスの具体例を紹介しましょう。

新型コロナウイルスのゲノム配列をSARSコロナウイルスなど、類縁のさまざまなコロナウイルスのゲノム配列と比較している時、ORF3bと呼ばれる遺伝子が、新型コロナウイルスでは顕著にその長さが短いことを見つけました。

ORF3bは、SARSコロナウイルスの研究から、ウイルス感染を抑える自然免疫の働きを抑えることが知られていましたが、新型コロナウイルスで見つかった短いORF3bはさらに強力に抑制することがわかりました。加えて、そのORF3bにある変異が入った場合、その抑制能が強力になることもわかったのです。実際そのように変異した新型コロナウイルスに感染した患者がエクアドルで見つかり、その変異が直接的な原因であったのかは明らかではありませんが、重症化していたことがわかりました。

このように、リアルタイムでゲノム進化が見られ、その結果起きる機能の変化も確かめられるところが、ウイルス研究の特徴であり、私にとっては興味深い点でもあります。

生命《いのち》ある限り「ウイルスフリー」な生活は実現しない

ウイルス研究において、現在私自身が興味を持っていることがあります。それは、ヒトの疾患にどれだけのウイルスが関わっているのか。これに関しては、まだ解明されていない部分が多いのです。

コロナウイルスにしても、「風邪の原因となるものが四種類で、それに加えてMERS（中東呼吸器症候群）、SARS、コロナ感染症を起こす病原性の強いものが三種類」と言われていますが、果たしてこれがすべてかどうか、よくわかっていません。

もしかしたら、一日二日休養すれば治ってしまう風邪のような症状に、私たちがまだ知らないコロナウイルスが関係しているかもしれません。あるいは原因不明とされている病気に、なんらかのウイルスが関わっているかもしれません。

それを調べるために病気が特定できない患者さんの臨床サンプルを集め、ウイルスとの関わりを調べていきたいと思っています。私はヒトの疾患を研究する医学部に所属していますが、ウイルスはヒトから動物、動物からヒトと循環していきますから、動物や自然界のウイルス研究も必要です。

私としては、ウイルスをトランスポゾンの一種のようなイメージでとらえています。トランスポゾンとは、粒子を作らず、ＤＮＡやＲＮＡのままでゲノムの中を移動して増幅する遺伝的物質です。ウイルスは粒子として感染して細胞の外へ出ていきますが、その存在や機能そのものはトランスポゾン的だと感じています。

我々が増幅して増えていく生き物であるならば、ウイルスはそのメカニズムの隙や漏れを利用して勝手に移動し、増えていく。生命がある限り、「ウイルスフリー」な生活は実現しないと思うのです。別の言い方をすれば、ウイルスは我々の生命の一部であり、移動する遺伝体だとも考えられます。

私の考えは、初めからウイルス学を専門にしている先生方とは少し異なるかもしれません。しかし、門外漢であるからこそ、見えることもあると思っています。今後、ネオウイルス学が発展していけば、ウイルスが生態系に与えている影響もさらに明らかになることでしょう。

ウイルス研究の分野では、私のようにゲノムの配列解析をする人間はまだ少数ですが、新しい発見に多くの貢献ができればと思っています。

第四章　ウイルスを視《み》る！

ナノレベルの微細な働きを、電子顕微鏡で視る

京都大学 ウイルス・再生医科学研究所
微細構造ウイルス学分野 教授

野田岳志

電子顕微鏡法には流派がある

細胞内にウイルスが侵入すると、そこでどんなことが起きるのか。ウイルスはどのように増殖していくのか。電子顕微鏡を使うとナノレベルの微細な構造を見ることができます。病気を起こすウイルスといえども、それらは自然の一部で、自然は美しい形にあふれていて、美しさの中には素晴らしい機能が隠されています。ウイルスの種類によってその構造は異なり、何時間見ていても飽きません。

世界中でまだ誰も見たことがない美しい構造を発見できるのは、電子顕微鏡を専門に扱うことができる者の特権です。電子顕微鏡でウイルスや感染細胞を観察している時、自分の体の中でもこんなことが起きているのか……と想像するのが楽しいだけで、研究をしているという感覚はほとんどありません。

電子顕微鏡はおもしろい！　大学院生の時にそう思ったのが、研究を続けようと思った大きなきっかけでした。裏返して言うと、それまでは研究にあまり興味がなかったのです。

動物が好きで獣医学部に入学したのですが、周囲の学生は僕とは比べ物にならないほど、本物の動物好きばかり。おまけに一、二年次の教養課程の授業におもしろみを感じず、結局学部生時代の大半は、バックパックを背負ってアジアや南米を彷徨《さまよ》ってばかりいました。四年次の研究室配属でウイルス学の研究室を選んだのも、バックパッカーとしての経験から感染症に興味を持ち、感染症を専門にすれば将来はアジアの国々で職を得て、楽しく暮らしていけると考えたからです。

電子顕微鏡に関わるようになったのは、偶然の巡り合わせでした。北海道大学の喜田宏先生の研究室に所属していた学部四年生の時、電子顕微鏡に精通していた先輩、今井正樹先生（当時・北大博士課程四年、現・東京大学）が卒業するため、仲が良かった僕にあとを継ぐよう、喜田先生から言われたのです。

今井先生はとにかく実験が丁寧で、教科書では学べない電子顕微鏡サンプルの作製法のイロハを伝授していただきました。今も頼りになる良き先輩です。大学院生として東京大学医科学研究所の河岡義裕先生の研究室にうつった時、研究所に形態学を専門にしている相良《さがら》洋《ひろし》先生がいらしたのも幸運でした。僕も手先の器用さには自信がありましたが、相良先生はおそろしいほど手先が器用で、たくさんの電子顕微鏡技術を教わることができたのです。京都大学にうつった今も、電子顕微鏡に関して困ったことがあれば相良先生に相談するほど頼りになる先生です。

実は、電子顕微鏡法には研究室ごとに「流派」のようなものがあり、「一子相伝」のごとく、師から弟子へと受け継がれます。僕が大学院生だった当時、ウイルス学の研究分野ではそもそも電子顕微鏡解析をメインで行っている研究者はいませんでした。もちろん電子顕微鏡解析を得意とするウイルス学の研究室もありませんでした。その意味では、ウイルス学の研究室に所属しながら、一流の電子顕微鏡技術を持った複数の師匠から電子顕微鏡法を学べたというのは幸運以外の何ものでもありませんでした。

さらに幸運だったのは、研究室の主宰者である河岡先生が、無類の「褒め上手」だったことです。大学院一年生の時、僕はエボラウイルスに関する研究をしていたのですが、先輩の研究の手伝いでインフルエンザウイルスの電子顕微鏡写真を撮ったところ、ウイルス粒子の中に八つの点が見えることに気づきました。その写真を河岡先生に見せたところ、「すごい！　すごい！」といつも以上に興奮されていたのは今でも忘れられません。

インフルエンザウイルス粒子内のゲノムを撮影

河岡先生はそれまでも「いいね」「すごいね」と常に褒めてくれていたのですが、その時の反応はさらに著しく、僕はその発見の真の重要性があまりわからないまま、河岡先生の反応をうれしく思ったことをよく覚えています。

インフルエンザウイルスのゲノムが八本に分かれていることは、一九八〇年代からわかっていました。しかし、八本に分かれたウイルスゲノムがウイルス粒子にどのように取り込まれるかということについてはよくわかっておらず、特に規則性はなく適当に取り込まれるという「ランダム説」と八本だけが選ばれて取り込まれるという「選択説」で、半世紀以上も論争が続いていました。

河岡研では当時、「選択説」を示唆するデータを得ていましたが、本当に八本のゲノムがウイルス粒子に入っているかどうかはわかっていませんでした。それを示すには、ウイルス粒子の中に八本のゲノムが取り込まれているという確たる証拠を視覚的に示す必要があったのです。

インフルエンザウイルスの電子顕微鏡解析は一九五〇年代から行われていましたが、ウイルス粒子の中のゲノムを見た人は誰もいませんでした。二〇〇一年の一二月に僕が撮った写真でそれが初めて視覚化でき、ウイルス粒子の中で八本のゲノムがきちんと並んで取り込まれているのがわかった、というのが河岡先生を喜ばせた理由だったのです。ちなみに、なぜ世界中で僕だけがウイルス粒子の中のゲノムを可視化できたかという理由はいまだによくわからないのですが、今井先生と相良先生にしっかりと電子顕微鏡技術を教えていただいたというのがその理由の一つであることは間違いないと思います。

しかし、問題はもう一つ残っていました。ウイルス粒子の中に八本のゲノムが入っているウイルス粒子もあれば、数本しかゲノムが入っていないように見えるウイルス粒子もあったのです。この理由は電子顕微鏡解析を行っている僕にとっては明白でした。ウイルス粒子の中を電子顕微鏡で観察するためにはウイルスを非常に薄く切る必要があるのですが、ウイルス粒子が切れる場所の違いのせいで、一見、八本より少なく見えてしまうのです。本当に一個のウイルス粒子の中に八本のゲノムが入っていることを写真で誰にでもわかるように示すためには、一個のウイルス粒子を丸ごと、千切りのように何枚も連続的に薄い輪切りにし、CT画像のように撮影することが必要です。

この連続切片の解析は実に大変な作業でした。ウイルスをダイヤモンドナイフで連続的に輪切りにし、フィルム式の旧式の電子顕微鏡で連続切片の画像を何百枚も撮影しました。暗室でコツコツとフィルムを現像し、さらにそれらを何百枚もの印画紙に焼き付け、大量の連続切片の写真を解析するためにミーティングスペースの机と椅子を全部どけて、何百枚もの写真を床一面に並べました。このウイルス粒子は次の切片ではこうなって……と一つ一つのウイルス粒子にマジックで印をつけ、ほぼすべてのウイルス粒子内に八本のウイルスゲノムがきれいに並んで取り込まれている

インフルエンザウイルス

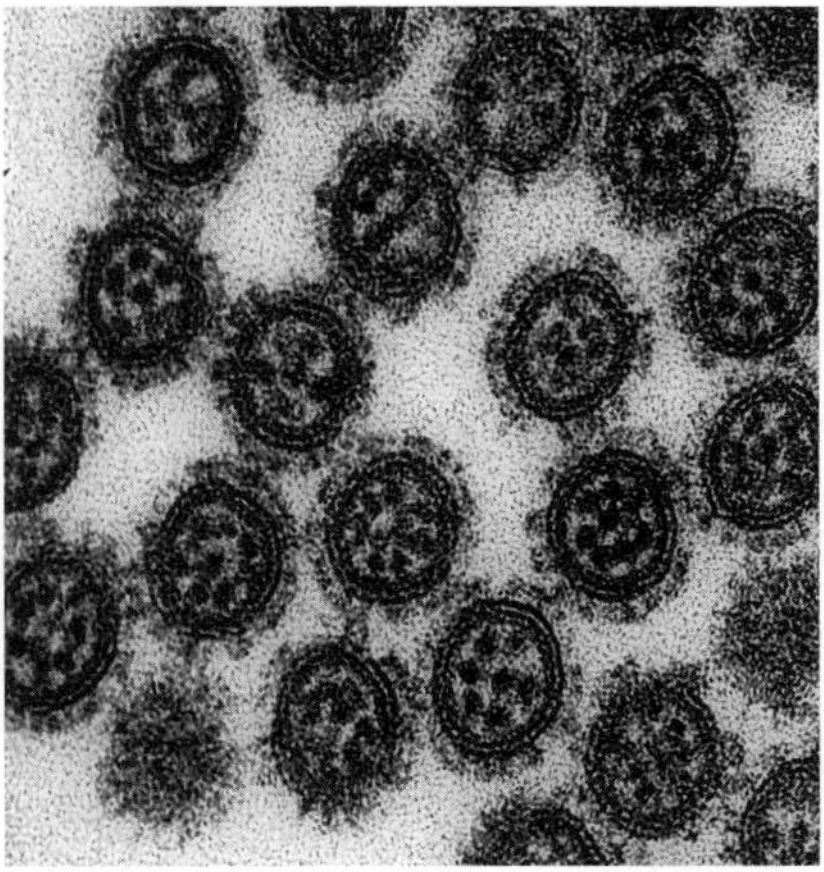

ことをようやく証明できたのです。

無我夢中で作業をしていましたが、当時の僕には、投稿先の「ネイチャー」がどれほど権威ある科学雑誌かということも、「ネイチャー」に掲載されるのがどれほど大変かということも、ぼんやりとしかわかっていませんでした。当時はインターネットで得られる情報が少なかったので、仕方のないことですが。ともかく、自分がイメージした通りの写真を撮って、河岡先生に褒められることがうれしく、「もっときれいな写真を撮ろう」と熱中していたことが、研究の道へ進む大きなきっかけになったのです。

やっぱり電子顕微鏡は楽しい

ちなみに、当時の僕が研究室に泊まり込みで目を腫らしながらやっていたあの連続切片の作業は、今の電子顕微鏡なら明るい部屋でコンピュータの画面を見ながら、あっという間にできてしまいます。科学の進歩はすごいです。

それから約一〇年後、僕は京都大学のウイルス・再生医科学研究所で「微細構造ウイルス学分野」という研究室を主宰することになりました。現在の主な研究対象は、インフルエンザウイルスとエボラウイルス、ラッサウイルスです。

僕の研究室の研究は、大まかに二つに分かれます。一つは、ウイルス学の教科書に載るような事実を探っていく基礎研究。インフルエンザウイルスについては基礎研究がメインで、大学院時代からずっと研究を続けています。僕自身が今も一番興味を持っているのは、インフルエンザウイルスのゲノムが子孫に受け継がれていく仕組み、ゲノムパッケージング機構で、これは僕のライフワークと思っています。

インフルエンザウイルスのゲノムパッケージ機構は現在、世界中で研究されています。ここ数年はウイルスゲノムの大規模解析が中心で、八本のゲノムの間になんらかの相互作用があることが明らかにされてきましたが、それ以外は大きな発見がなく、ずっと停滞したままです。いまだになぜ八本のウイルスゲノムが一セットになってウイルス粒子に取り込まれるのか、そのメカニズムは謎のままです。

僕自身は大学院生の頃から、八本（八種類）のウイルスゲノムがどんな配置でウイルス粒子内に取り込まれているかを明らかにしたいと思っていました。八種類のウイルスゲノムの配置がわかれば、ゲノム同士の相互作用を明らかにするヒントとなるからです。しかしこれは、大学院を卒業して一五年経った今も果たせていません。この研究に関しては、一本だけゲノムの

「ジャーナル・オブ・ヴァイロロジー」表紙

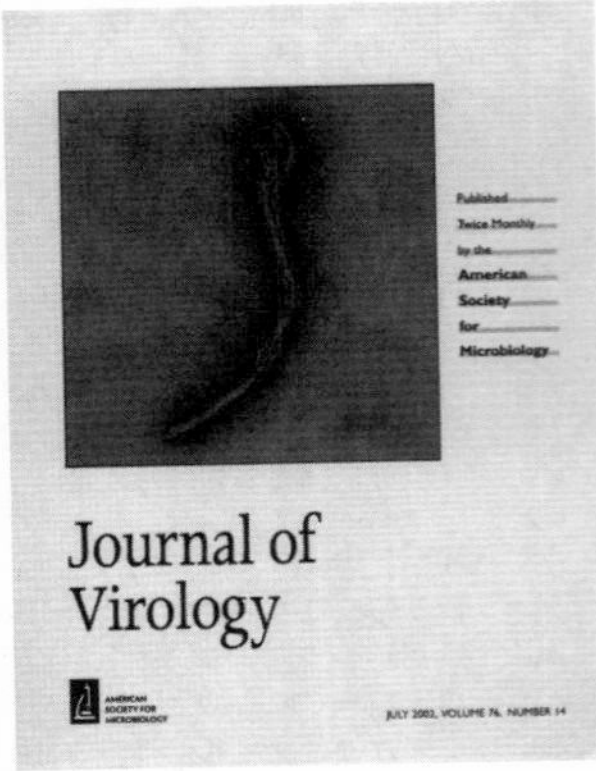

「ネイチャー」表紙

長さを極端に長くしたり短くしたり、いろいろな実験を試してみました。が、結局どれもうまくいかず、電子顕微鏡法でできそうな実験が思いつかなくなり、最近は電子顕微鏡解析から離れていました。しかしまた、ウイルス粒子内での八本のゲノムの配置を決められるのは電子顕微鏡法しかないと思い直し、初心に戻って電子顕微鏡を使ったゲノムパッケージング機構の研究を再開したいと思っています。

　また、現在もエボラウイルスに関する研究を続けています。大学院に入った時に河岡先生からいただいた最初の研究テーマは、「エボラウイルスはなぜ細長い粒子を作るのかを明らかにしてほしい」というものでした。

　大学院一年生の時、エボラウイルスのＶＰ40というタンパク質だけでエボラウイルスそっくりの細長い粒子を形成することを明らかにし、その成果が「ジャーナル・オブ・ヴァイロロジー」という米国の雑誌に掲載されました。その時に、電子顕微鏡で撮影したエボラウイルスそっくりの粒子が雑誌の表紙を飾ってうれしかったというのも（しかも河岡研でその表紙柄のTシャツを作って、翌年のパリの国際ウイルス学会でみんなでそのTシャツを着たのも良い思い出です）、電子顕微鏡解析にのめり込んだきっかけかもしれません。

現在は、残念ながら僕自身は手を動かしていないのですが、クライオ電子顕微鏡を使ってエボラウイルス粒子の中に取り込まれているヌクレオキャプシド（ウイルスゲノムとゲノムを包むタンパク質の殻）の構造解析を進めています。

河岡研で特任助教をしていた二〇〇八年、エボラウイルスのヌクレオキャプシドのコア構造となるらせん複合体の精製に成功しました。このらせん複合体の分子構造をクライオ電子顕微鏡（これについては後述します）で解析をしたい、ヌクレオキャプシドがどうやって作られるかを知りたいと思い、二〇〇九年にフィリップ大学マールブルク（ドイツ）でエボラウイルスの研究を行っていたステファン・ベッカー教授の研究室に留学しました。この時、欧州分子生物学研究所（ドイツ）にいたクライオ電子顕微鏡解析の専門家、ジョン・ブリッグス博士と共同研究を開始し、低分解能ながらもコア構造の分子構造を決定することができました。

現在までにクライオ電子顕微鏡で分子構造を明らかにできたのは、ヌクレオキャプシドのコア構造だけです。コア構造には少なくとも三種類のウイルスタンパク質が結合することがわかっているのですが、これらがどのようにコア構造に結合してヌクレオキャプシドを形成するのか、それを学生さんたちと一緒に原子レベルで明らかにすることも僕のライフワークの一つと考えています。

電子顕微鏡解析は、僕の性格にとても合っていたのだと思います。電子顕微鏡研究にはダイヤモンドナイフでウイルスをスライスする作業など細かい作業も求められますが、細かい手作業が得意だったので、それも苦になりません。集中力もないほうではないと思いますし、一人で電子顕微鏡に向かって没頭している時間が好きなのです。

ウイルスの動きをすべて目でとらえたい

現在、僕たちの研究室には四台の電子顕微鏡があります。一台は使い勝手の良い昔ながらの透過型電子顕微鏡。もう一台はサンプル表面を立体的に観察できる走査型電子顕微鏡。残りの

クライオ電子顕微鏡と筆者

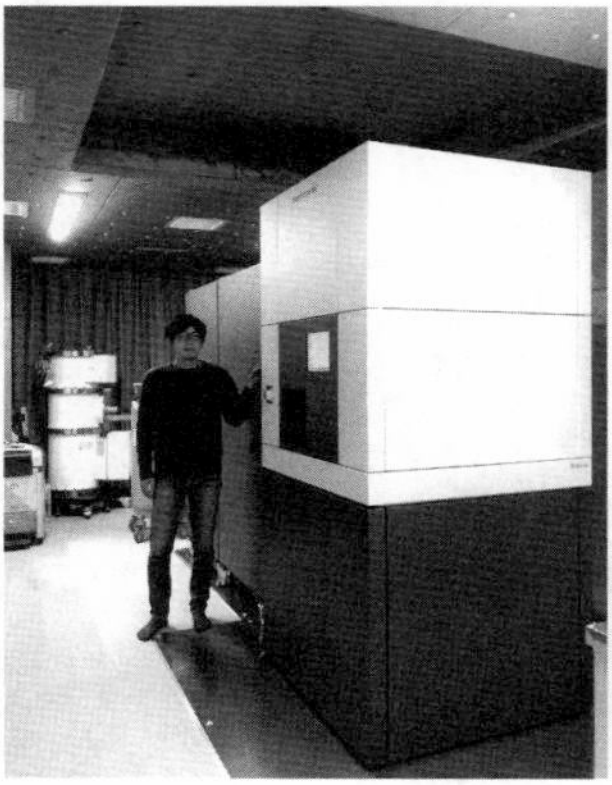

透過型電子顕微鏡

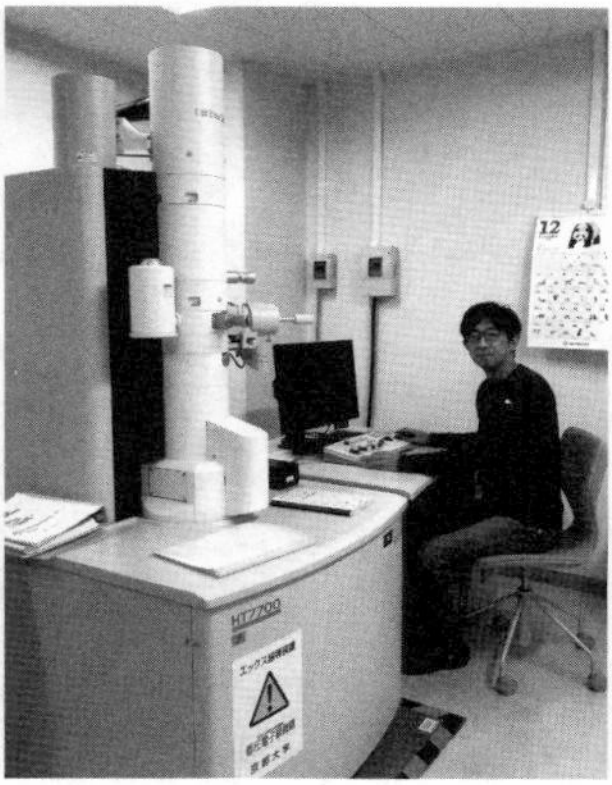

二台は、ウイルス粒子でもタンパク質でも生の分子構造を見ることができるクライオ電子顕微鏡です。

ウイルスを見る場合、昔ながらの電子顕微鏡はウイルスを重金属で染色して見ますが、クライオ電子顕微鏡ではウイルスをそのまま瞬時に凍らせて観察します。クライオ電子顕微鏡のうち一台は、タンパク質の構造解析にも使える高性能カメラがついたクライオ電子顕微鏡で、二〇二〇年の秋に導入されました。これまでは他所の大学のクライオ電子顕微鏡を利用させてもらっていましたが、今はエボラウイルスのヌクレオキャプシドの構造解析も自分たちのクライオ電子顕微鏡で行えるようになったので、研究のスピードも速くなると思います。

僕たちの研究室には、電子顕微鏡のほかにもう一台、高速原子間力顕微鏡という装置があります。高速原子間力顕微鏡というのは、非常に細い針を使ってサンプル表面をスキャンして、その高さ情報を画像にできる顕微鏡です。サンプルを固定したり染色したりする必要がなく、ミリ秒で一枚の画像が得られるため、少々分解能が低いという欠点はあるものの、タンパク質複合体などの動きや構造変化を観察できるというのが最大の特徴です。

電子顕微鏡は分解能がとても優れていますが、「動き」をとらえることはできません。電子顕微鏡で観察するには、サンプルを化学的、あるいは物理的に固定する必要があるからです。では、両者の優れた点だけを合わせたらどうでしょう。今、僕はそういう研究を進めたいと考えています。

僕自身、長年電子顕微鏡を使った研究に携わってきましたが、見続けてきたのは一貫して「動かない」画像です。もちろんさまざまな場面をスナップショットで撮影し、あたかも動いているかのように見せることは可能なのですが、それでもやっぱり本当に動いているところを見てみたい。そう思って、二〇一三年に（当時の僕にとっては）大型の予算を獲得し、高速原子間力顕微鏡を導入しました。

今、一番見たいのは、インフルエンザウイルスがＲＮＡを合成している時の姿です。らせん状のＲＮＰという複合体がＲＮＡを合成するのですが、ＲＮＰのらせん構造がどう変化しながらＲＮＡが作られていくのか、ＲＮＰ複合体からＲＮＡがぴょろぴょろと伸びていくような様子を動画として見てみたいと思い続けています。

ただ、これを実現するのは容易ではありません。この実験を始めて五年以上が経ちますが、適切な実験系がまだ見つからず、現状ではＲＮＰから作られた後のＲＮＡは見えるのですが、らせん状のＲＮＰが動いている姿はまだ見えないのです。

それでも、クライオ電子顕微鏡と高速原子間力顕微鏡の組み合わせには、大きな可能性を感じています。究極的には、細胞の中でウイルスが増殖する時、ウイルスタンパク質がどう作られ、どう動き、どう変化し、どう集合し、最終的にどうやってウイルス粒子が作られているのか、原子レベルで丸ごと見てみたい！

途上国で問題になっているウイルス感染症をどうにかしたい

僕の研究室の研究のうち、一つ目の基礎研究の話が長くなりましたが、二つ目は薬の開発に関わる応用研究です。京都大学で研究室を主宰してから、ラッサウイルスが引き起こすラッサ熱の薬を探し始めました。

ラッサ熱は日本ではあまり知られていませんが、エボラ出血熱と同じように、ヒトに致死的な出血熱を引き起こします。西アフリカでは毎年数千人の方が亡くなっていると言われていますが、現段階ではワクチンも薬も開発されていません。致死的な感染症であっても、途上国でしか発生しない感染症に対してはなかなか薬ができないのが現状です。薬の開発には莫大《ばくだい》な予算が必要なため、製薬会社も利益を考えると手を出しづらいのだと思います。ラッサウイルスを専門とするウイルス研究者も世界にわずかしかいません。

そこで、僕が始めたのはドラッグリポジショニングと言って、既存の薬の中からラッサ熱に効く薬がないか探すことです。ラッサウイルスそのものは非常に危険なウイルスなので、バイオセーフティレベル4の実験室以外では扱うことができません。つまり、日本では扱うことができません。そこで僕たちは、シュードタイプウイルスという疑似ラッサウイルスを使って実験を行っています。

これまでに、ラッサウイルスが細胞に侵入するところを阻害するものなど、いくつか効き目がありそうな化合物を見つけました。ちなみに同じ方法を使って、新型コロナウイルスが細胞に侵入するところを阻害する化合物も見つけています。現在は、ドイツに留学した時に隣の研究室にいたトーマス・シュトレッカー博士（フィリップ大学マールブルク）と共同研究を行い、僕たちが見つけた化合物がラッサウイルスに対して抗ウイルス効果を示すかどうか、バイオセーフティレベル4の実験室で試験しています。ここでウイルスの増殖を阻害する効果が見られたら、今度はその薬の化学構造を少し変えて、より効果が高く副作用が少ない薬の合成を目指します。息の長い仕事になりますが、こうした応用研究もずっと続けていきたいと思っています。

僕は獣医学部を卒業した後に獣医師にはなりませんでしたが、獣医学を学んだ者として、基礎研究だけでなく実学的な研究も重要だと考えています。ラッサ熱のワクチンや治療薬など、本来は今すぐにでも必要なものであるにもかかわらず、製薬会社からも国際社会からも十分にサポートされないような感染症がたくさんあります。アフリカだけでなく、僕がバックパッカーとして訪れたアジアや南米の国々にも、ラッサ熱と同じように軽視されている感染症がたくさんあります。そのような感染症に対してこそ、僕たちが研究を推進し、治療薬開発などに貢献しなければと思っています。学生時代に訪ねたアジアや南米の国々でたくさんの人たちに受けた親切の恩返しをしたい、という気持ちも研究の原動力の一つです。

スピッツの「チェリー」という歌に、「想像した以上に騒がしい未来が僕を待ってる」という歌詞があります。現在の僕から見た、研究を始めた頃の自分がまさにそうで、ほとんど研究に興味を持っていなかった僕がまさか研究室を主宰するようになるなんて思ってもみませんでした。そう考えると人生を変えるような人との出会いがとても大事で、僕自身はそのような恩師、先輩に恵まれて本当に運が良かったと思います。今度は僕自身が若い研究者たちの何かのきっかけになれるよう、誠実に研究に向き合っていきたいと思っています。老後にアジアの国々でのんびりと生活することを夢見ながら。

巨大ウイルスの構造解析

自然科学研究機構
生命創成探究センター　特任教授

村田和義

宝石のようなウイルス粒子像をこの目でもっと見たい！

――ウイルスは美しい！――

私の研究生活は、すべてこの言葉に集約されます。

「生きているとはどういうことか」に興味を抱き、電子顕微鏡という手法を選択した私は、単細胞生物である細菌（バクテリア）の観察から研究生活を始めました。そして、現在はクライオ電子顕微鏡の手法を用いて、主にウイルスの構造研究を行っています。

はじめに、電子顕微鏡の原理をごく簡単に説明すると、蛍光灯と同じように（ですが、もっと）中は真空です。そこに生物試料を入れると、高真空にさらされて干からびてしまいます。わかりやすく喩えると、みずみずしいイカの写真を撮ろうとしても、スルメの写真しか撮れないことになります。

さらに、ウイルスなどの生物試料は真空状態の電子顕微鏡の中を走っている電子線に対してほぼ無色透明なため、そのままでは観察できません。そこで一般には、試料が乾燥に耐えるように化学的な保存処理を施し、試料に濃淡をつけるために重金属で染色します。しかし実際には、これではウイルス本来の姿からかけ離れたものを観察することになってしまいます。

クライオ電子顕微鏡を利用すれば、この点が解消できます。ちなみにクライオ電子顕微鏡とは、野田岳志先生の説明（181ページ参照）にもあったように顕微鏡自体の名称ではなく、試料を凍らせてそのまま観察する手法を指します。その開発の中心となった研究者たちは二〇一七年にノーベル化学賞を受賞しました。

この手法を活用し、ウイルスを溶液ごと凍らせて薄い氷の中に閉じ込めたまま撮影することで、限りなく本来の姿に近いものを観察することができるのです。氷河期に氷の中に閉じ込められたマンモスを偶然発見して観察するようなイメージです。

電子顕微鏡の構造図

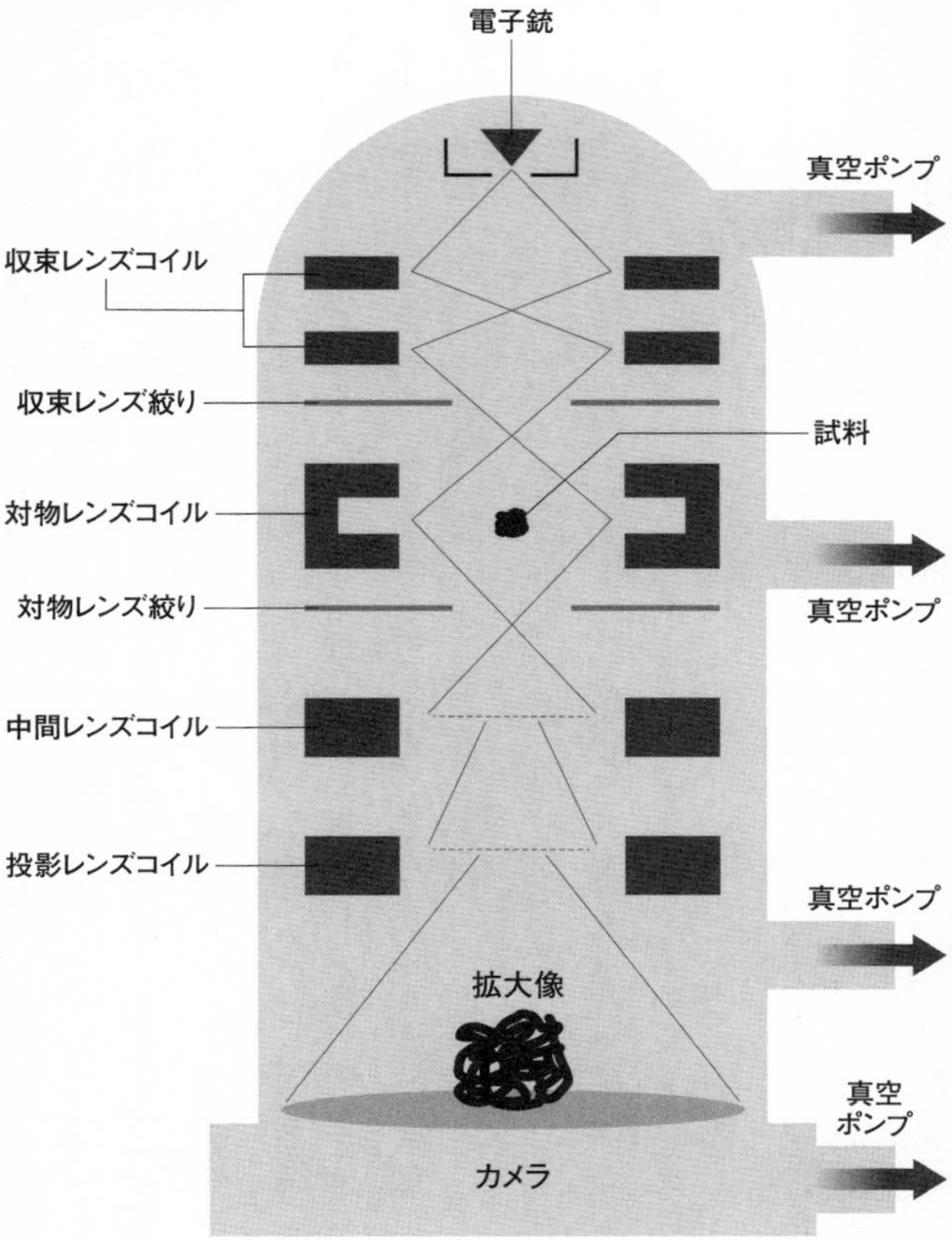
電子銃
真空ポンプ
収束レンズコイル
収束レンズ絞り
試料
対物レンズコイル
対物レンズ絞り
真空ポンプ
中間レンズコイル
投影レンズコイル
真空ポンプ
拡大像
真空
ポンプ
カメラ

もっとも、クライオ電子顕微鏡から直接撮れる画像はノイズが多く、私がこの仕事を始めた頃は特に砂嵐の中にかろうじて何かが写っているような画像しか撮れませんでした。これは先に述べましたように、生物試料が電子線に対してほぼ無色透明であることに加えて、電子線は非常に破壊的なため、試料に大きなダメージを与えてしまわないように弱い電子線を用いて、壊れる前に画像を記録してしまわないといけないためです。

つまり、完全な形を保ったウイルスの試料を用意しても、撮影された後はすでに壊れていることになります。マンガ『北斗の拳』で言う、「お前はもう死んでいる」という状態でしょうか。

そこで、まずウイルスの試料が壊れない程度のごく弱い電子線量で、ノイズの多い画像を記録し、そのあと、コンピュータで画像を解析して、同じ向きのウイルスの画像を選択して足し合わせる「平均化」という操作を行います。このことで、ようやく本来のウイルスの像がクッキリと現れてくるのです。

このような画像の平均化を行うためには何千何万という大量の画像データが必要になります。今でこそデジタルカメラによる電子顕微鏡画像の自動撮影が利用でき、一晩で何千枚もの画像を無人で記録できるようになりましたが、私がクライオ電子顕微鏡を使い始めた当時は、一枚

宝石のように「美しい！」と感じるウイルス

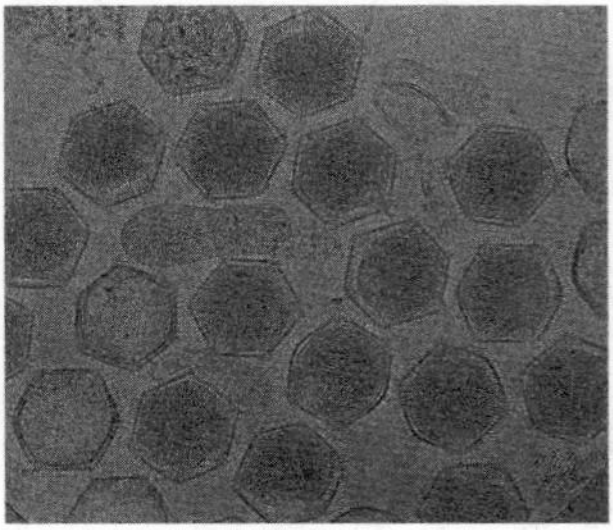

メドゥーサウイルス

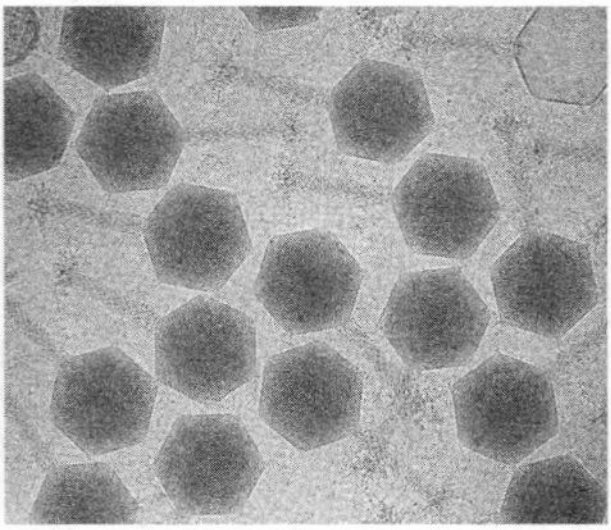

ジャンボファージ

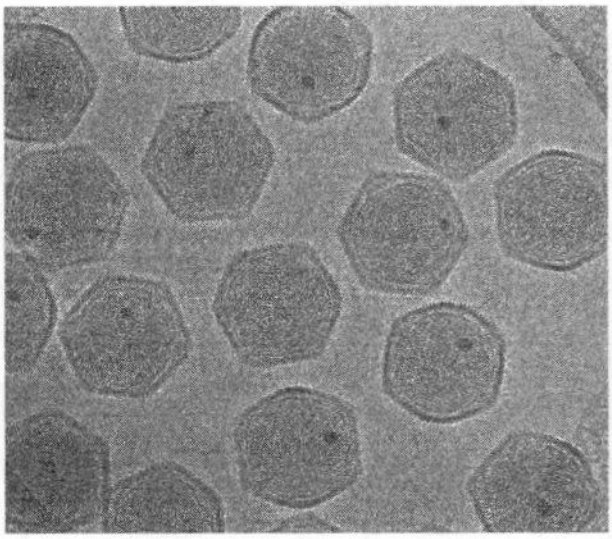

トーキョーウイルス

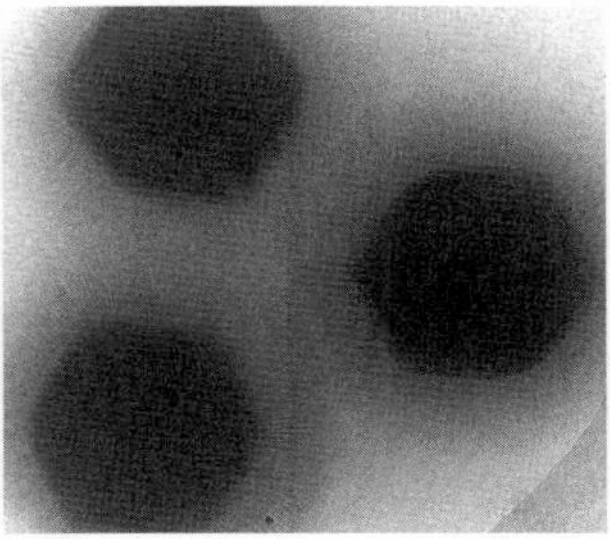

ミミウイルス

一枚手動で写真フィルムに記録し、その後大量のフィルムを暗室にこもって現像しなければなりませんでした。これを一日に何度も繰り返さなければならず、あまり楽しい作業とは言えませんでした。しかし、さまざまな試料を撮影する中で、ある時、暗室の中で、宝石のように美しく輝くものを見つけました。それが、ウイルス粒子像だったのです。

　多くのウイルス粒子は、正十二面体に代表されるきれいな幾何学構造を持っています。

それはなぜなのかに興味を持ち、ウイルス学の英語の教科書を調べると、およそ次のような理由が記されていました。

「極小の生命体であるウイルスは物理的に数種類の遺伝子（最小のものは三個）しかその内部に含めないため、そこから合成される限られた数のタンパク質を組み合わせることでウイルス粒子を構築しなければならない。そのため必然的に多くのウイルスの形は正三角形を二〇個組み合わせて作ることができる単純な正十二面体のような幾何学構造を示す」

なるほど、これは宝石や原石がきれいな結晶パターンを示すことと同じで、ウイルスは生命が作り出した宝石と言えるのではないか。

そう考えた時から、私はウイルスの魅力に取りつかれ、もっとたくさんの自分しか知らない生命の宝石をこの目で見てみたい、と思うようになったのです。

ウイルスの常識を覆した「巨大ウイルス」

ここ数年はほかの研究機関の先生方と共同で、ネオウイルス学の研究を続けています。特に私たちが追いかけているのは、巨大ウイルスです。

巨大ウイルスとは今世紀になってから相次いで発見されている、「大型」で「複雑」な構造を持つウイルスの総称で、これらの発見によって今、「ウイルスの常識」が次々と覆されています。どんな常識がどう覆されたかはのちほど説明しますが、私たちのグループも複数の巨大ウイルスを発見しています。

その一つは、巨大ウイルスを専門にハンティングしている研究者、武村政春先生（東京理科大学）たちが、北海道で採取した水から発見した巨大ウイルスです。このウイルスは温泉の湯だまりとその水底の泥土サンプルから見つかったため、初めは「温泉ウイルス」と呼んでいました。しかし、発見地を含む温泉エリアが「未知のウイルスが検出されたそうだ」との風評被害を受ける恐れを懸念して、最終的には「メドゥーサウイルス」と名付けました。

メドゥーサウイルス

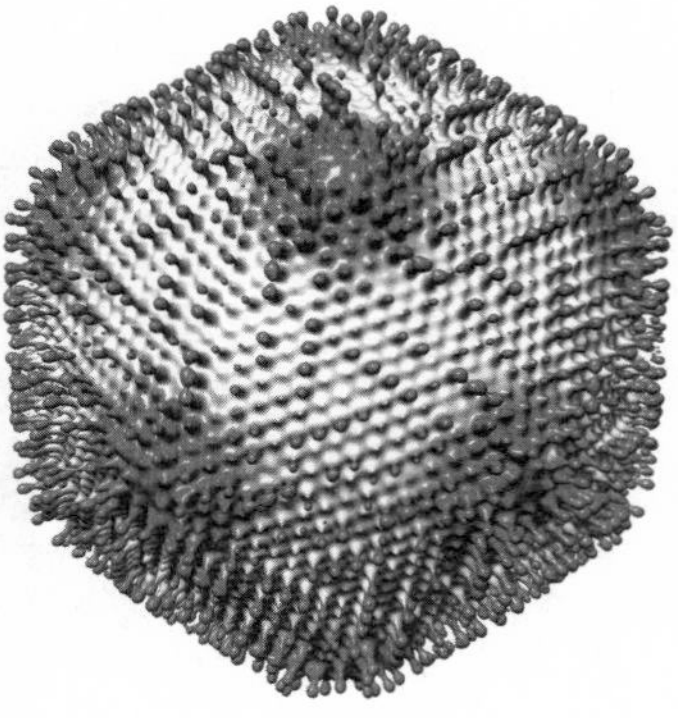

メドゥーサとは「見たものを石に変える」ギリシア神話の怪物ですが、メドゥーサウイルスも「感染したアメーバを休眠状態にする」性質を持つことが

わかったので、この名を選んだのです。

このような素敵な名前をつけたのは、武村先生でした。先生は新規のウイルスにユニークな名前をつけるのが得意で、二〇一五年に先生自身が東京荒川の河川敷の水から発見した巨大ウイルスは、「トーキョーウイルス」の名で登録されています。

武村先生とは研究会などの会合を通じて知り合い、自然とグループを組んで研究するようになりました。私たちの共通項は、ウイルスを捕らえたら、それを丸ごと顕微鏡で確認して示すことです。「当たり前のこと」のように思われるかもしれませんが、近年はウイルスを思わせる遺伝子を発見しただけで「ウイルスがそこにいる」と判断する、メタゲノム解析が盛んになってきました。これでは、雪の上に雪男の足跡らしきものを見つけただけで、「雪男はいます」と言っているようなものではないか、と考えている私たちは、雪男の姿をこの目でとらえて初めて、発見のゴールと考えています。

グループの中でウイルスハンティングをするのはもっぱら武村先生で、私は現場を踏まないインドア派です。

「おもしろそうなものが採れたので見てほしい」

武村先生からそんな報告を受けて、初めて私の作業が始まります。先生が見つけたウイルスは、アメーバを使って培養され、きれいに実験液で洗って回収された状態で私のもとに届きます。

私はそれを氷の中に閉じ込めてクライオ電子顕微鏡で観察して、「これまで見たことのないウイルスの形が見えますから、本腰を入れて解析しましょう」などと言うだけですが、新規の巨大ウイルスが見えると内心ワクワクしています。巨大ウイルスを知れば知るほど、「自分しか知らない超大粒の宝石」が輝きを増してきて興味が尽きません。

巨大ウイルス研究で生物の意味を見つめ直す

ここで改めて、巨大ウイルスについて少し詳しく説明します。最初の発見は二〇〇三年のことでした。いや、実は一九九二年に発見されていました。しかし、当時は〇・五ミクロンという大きさから「細菌」と分類され、発見場所にちなんだ「ブラッドフォード球菌」という名前がついていたのです。

それまで、細胞の最小スケールは〇・二ミクロン程度、それより小さなものはウイルス、と大まかに分けられていました。これはちょうど光学顕微鏡の解像度限界に相当し、細菌は光学顕微鏡で観察できますが、ウイルスは電子顕微鏡でなければ見えないというのが常識でした。

ところが光学顕微鏡でも見えるブラッドフォード球菌を詳しく調べていくと、単体では増殖せず、ほかの生物と混在していないと増えないことがわかりました。電子顕微鏡で確認してみると、本来細胞が持っているはずのミトコンドリアや核膜などもないことから、これが細胞でなくウイルスだと確認されたのです。

巨大ウイルス第一号となったこのウイルスを、「ミミウイルス」と言います。名前の由来は英語のミミック（mimic＝まねする）で、細胞をまねたウイルスという意味です。これ以降、あれもこれもという感じで巨大ウイルスの発見は続きます。「ウイルスは光学顕微鏡では見えない」という先入観を捨てたことが、一つの要因と考えられます。

二〇一四年には、シベリアの永久凍土から採掘された三万年前の地層から、史上最大の巨大ウイルスが見つかりました。その名を「ピソウイルス」と言います。紡錘形《ぼうすいけい》のその形状が、ピトスと呼ばれる古代ギリシアの甕《かめ》に似ていたことから名付けられたそうです。

ピソウイルスの構造研究は複数の機関で行われましたが、なかなかはっきりとした成果は出ませんでした。ピソウイルスは、ちょうど光学顕微鏡からも電子顕微鏡からも観察しにくい大きさだったからです。

結果を出したのは、当時、私の所属する生理学研究所のチームでした。私たちは超高圧電子顕微鏡と分光型電子顕微鏡という二台の特殊な顕微鏡を用いることで、自然に近い状態でピソウイルスの全体構造を初めて把握できたのです。

ピソウイルスの全長は〇・九～二・五ミクロンと多様で、その内部には膜で仕切られたような空間があり、粒子の表面は粘液のような物質で薄く覆われていました。粒子内部は比較的均一で、ミミウイルスの八割弱の密度しかないこともわかりました。

ピソウイルス

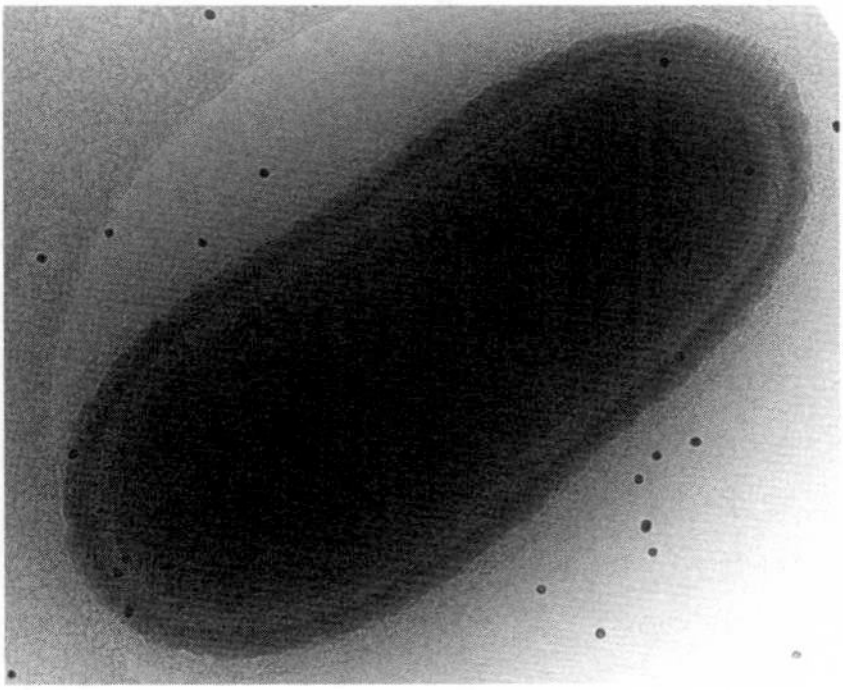

ウイルスは細菌より小さい、という常識はミミウイルスの発見で覆されましたが、ピソウイルスの登場は、細菌とウイルスの境界線を完全に危うくさせてしまいました。ウイルスは「細菌よりも小さく、なおかつ単純で原始的な存在」などとは、うかつに言えなくなったのです。

このことは、生命の進化においても大きな疑問を投げかけることになります。それは、「ウイルスが先か細胞が先か」という問題です。

これまでは、ウイルスのような単純なものが先にこの世に現れ、それが細胞のもとになる油滴などに取り込まれたり、ウイルス自身がより複雑に進化した結果、細胞性の生物が出現すると考えられてきました。

ところが巨大ウイルスの発見により、ウイルスは細胞性の生物が何かの原因で単純化した結果、と考えることも可能になったのです。

武村先生は、ご著書『巨大ウイルスと第4のドメイン』（講談社ブルーバックス、二〇一五年）の中で、巨大ウイルスを「これまでに全く知られていない新たな生命の形なのではないか」とおっしゃっています。

私自身の意見を述べると、ほかのウイルスはさておき、巨大ウイルスは、今風に言うと究極の「ミニマリスト」ではないかと思うのです。つまり、細胞性の生物が不要なものを捨てて、捨てて、捨てきって最小化した究極の形ではないか、と想像したりしています。

いずれにせよ、巨大ウイルスを研究することで、細胞を基本とした生物というものの意味を改めて見つめ直してみたいと思っているところです。

誰も見ていない「ウイルスの暗黒期」を最初に見たい

現在私がこのネオウイルス学で取り組んでいるのは、ウイルスの比較分類学とでも言うべき仕事で、巨大ウイルスの遺伝子に加えて、その形態や構造を詳しく調べることで、ウイルスの総合的な進化系統樹を作れないかと考えています。

ダーウィンの進化論のように、環境によって巨大ウイルスがどのように適応進化してきたのかを組み込んだ系統進化を想像してみたいのです。

たとえば山を棲家にした鳥は、嘴《くちばし》が木の実を食べやすいような形状に進化し、海辺で暮らすようになった鳥は、魚を食べやすいような嘴に進化していく。それと同じような進化の力が、巨大ウイルスでも確認できるのではないか、と考えています。

もちろんこれは、短期間でできる研究ではありません。実現するには、巨大ウイルスのさらなる発見も待たれます。

しかし、私ばかりが焦っても仕方ありません。ウイルスハンティングをしてくれる仲間と支え合いながら、気長に構えることにします。もし、あと二〇年ぐらい研究を続けられるとしたら、その最後にはなんらかの傾向が見えればうれしい。それを楽しみにしながら、粛々と研究を続けていきます。

新しい系統樹の作成とは別に、私にはもう一つライフワークにしたい研究があります。ウイルスの「暗黒期」を、クライオ電子顕微鏡でとらえることです。

暗黒期とは、ウイルスが宿主の細胞に感染したあと、いったん細胞によって分解され、消えてしまう時期のことを言います。実際、分解される前にウイルスは自らの遺伝子を細胞内に放出し、その情報をもとにタンパク質を合成して自分のコピーを生み出していくわけです。

これまでの電子顕微鏡法ではこの部分が詳細に観察できませんでしたが、クライオ電子顕微鏡法なら可能だと考えています。ただしこれも、すぐに達成できるわけではありません。

現在あるクライオ電子顕微鏡は、もともとウイルスの暗黒期を見るために適した手法ではありませんので、そのままではこの観察ができません。しかし、今後、工夫し、改良、改造を重ねて、いつかはウイルスの暗黒期の全容をこの目で鮮明に見たいと願っています。

ただ漫然と研究機器を操作するだけでは、自分の「見たい」ものは得られません。顕微鏡を使う研究は、まず自分が見たいものを想像し、それが実現できるように試料調製や装置構成を準備しなければならないのです。扱う人の想像力や熱意によって、見え方も見えるものも違ってきます。私自身ももっと努力を重ねていかなければ……。

新しい系統樹の作成と暗黒期の観察。ウイルスは単に美しい姿を見せてくれるだけでなく、私に二つもライフワークをもたらしてくれました。これらは現代天文学の一つのテーマである「宇宙の創成と暗黒物質（ダークマター）」と、どこか似ているような気がしてきました。そのような意味で、ウイルスの研究は身近な小宇宙の研究と言えるかもしれません。

そして、巨大ウイルスから得られた教訓は「先入観は捨てなければいけない」ということです。

——ウイルスは美しい！——

「こんなウイルスがあったらいいのに……」一〇〇人のウイルス学者と学生が考えた〝夢のウイルス〟

京都大学
ウイルス・再生医科学研究所　助教
牧野晶子

ネオウイルス学プロジェクトでは、年に一、二度の割合で合宿会議を開いています。一〇〇名にのぼる学者や学生が一堂に集い、三日にわたって分刻みで研究成果発表と、それに対する質疑応答が続くのです。

選ばれる会場は、決まって鉄道やバスの駅から遠く、周辺にお店がない宿泊施設。「途中で逃げ出す者が出ないように」という河岡義裕領域代表のお達しで、そのときどきの幹事が気合を入れて会場を厳選しています。

そんな過酷な合宿会議ですが、時には参加者の緊張をほぐし、初対面の者同士が打ち解けて交流できるような「アイスブレイク」的プログラムが組まれます。二〇一七年初冬に伊豆の修善寺で開かれた合宿会議では、「夢のウイルス」についてのプレゼンテーションが行われました。

合宿二日目の夕食時間、渡辺登喜子先生から参加者に突然問われたのは、「あったらいいなと思うウイルス」でした。

「マラソンが速くなるウイルス」「老眼を治すウイルス」「穏やかな人になるウイルス」「頭が良くなるウイルス」など、たくさんの意見があがりました。

しかし、その場にいるのはウイルス学のプロフェッショナルですから、これだけでは終わりません。自分たちが考えた「夢のウイルス」とはどのような特徴を持ったウイルスで、生活にどう影響をおよぼすのかなど、さらに考察を深め、いくつかのグループに分かれてプレゼンテーションをすることになりました。ベテランと若手、学生をバランス良く組み合わせて一組一〇人前後のグループ分けがなされ、くじ引きで担当ウイルスを決めて、翌最終日に発表です。

私が所属したグループがくじで引き当てたのは、「失恋を癒やすウイルス」で、会議中のブレインストーミングでは時間が足りず夕食のあと追加でディスカッションが行われました。

差し当たって決めていったのは、①「どこにいるウイルスか」、②「どう分離するか」、

③「どう活用するか」、④「名称は」などで、あれこれ意見を出し合いながらまとめた結果が……。

① 人が持っているウイルスだが、誰が持っているかわからないので、バイローム解析（体内のウイルスを網羅的に調べること）でウイルスの宿主を特定する。結果、周囲から「失恋レジスタンス」「失恋リピーター」と呼ばれている人たちから多くウイルスが発見され、形状はハート形だった！
② ウイルスを持っている人の血液から分離する。
③ ウイルスを培養して、「失恋症状が重い人」に接種すると素早く快復する。接種期間は、失恋者の激増期である一二月（クリスマス失恋）～二月（ヴァレンタイン失恋）とする。
④ 名称はＲＲＲＶウイルス＝ロマンティック・リダクション（失恋）・リカバリー（快復）・ウイルスとする。

架空の失恋ウイルスの形が決まったところでパワーポイントにまとめ、発表の準備をします。ＲＲＲＶウイルスに見立てたハート型のウイルスらしい写真を探して載せたり、発表に対する質問を想定して解答をあらかじめ考え、発表に臨みました。

ほかのグループもそれぞれ工夫をこらした資料を作成していましたが、中でも最高に受けたのは「ゾモウイルス」の発表でした。「ゾモ」の由来は「増毛」、つまり感染すると「毛が増える」ウイルスです。

「感染すると不可逆的に増毛する」「テストステロンの生成物による男性型脱毛症にはもちろん効果が……」「頭皮のマイクロ培養により……」「ヌードマウスによる臨床実験を行い……」「シラミを媒介させて……」「問題点は増毛を必要としていない皮膚の毛根活性の危険性……」など、発表者が大真面目に、かつ飄々《ひょうひょう》とプレゼンするので、会場は爆笑の連続でした。

2017年、ネオウイルス学プロジェクト合宿会議

ちょっとしたお遊びですが、参加した学生にとっては、日頃じっくり話せない他組織の研究者と触れ合うチャンスでもあり、プレゼンテーションの資料作りや発表の訓練にもなったと思います。ネオウイルス学に集まった先生方の共通項は「楽しそうに仕事をしていて友好的」なことです。雰囲気のいいグループには可能性がたくさんある、と私は思っていて、自分が指導している学生たちとも極力楽しいポイントを探してディスカッションをするようにしています。

私自身は、現在京都大学の朝長研究室でボルナ病ウイルスの研究をしながら、学生を指導する立場ですが、修善寺での体験に刺激されて、講義で学生たちにも「こんなウイルスも存在しうるのではないか」と思う「妄想のウイルス」を考えてもらいました。

その時に話題が盛り上がったのは、「子どもをたくさん産むようになるウイルス」でした。家畜に感染するウイルスのうち、豚繁殖・呼吸障害症候群ウイルスやアカバネウイルスのように、子どもを産む数を「減らす」ものは発見されているので、「増やす」ウイルスも、「探せばあるかもしれない」と。これが発見されたら家畜の多産が促進され、ヒト社会の少子化問題も解消されるかもしれないけれど、逆に問題点はないか、など学生たちと楽しくディスカッションができました。

ちなみに私があったらいいなと思うのは「男女を逆転させるウイルス」です。『軽い男じゃないのよ』という非常におもしろいフランスの映画があるのですが（Netflixで観られます）、そこに出てくる世界のように、男女の社会的な立場を逆転させるウイルスです。

このウイルスがパンデミックを起こすと社会における重要なポジションはほとんど女性で占められ、男性は女性よりも平均して所得が低く、家事や育児を主に行うことになり、容姿へのジャッジを常に受けます。

科学研究における女性の少なさは「水漏れパイプ（Leaky pipeline）」に喩えられますが、言い得て妙です。小学校では周囲にたくさんいた同年齢の女性は、大学入学時には二割になり、研究に従事する頃にはほとんどいなくなりました。自分が学生だった二〇年前に比べれば女性を取り巻く環境は改善されたようにも思いますが、今でも「女性は（研究の）能力が低い」という有形無形のメッセージを受け取ります。

最近だと多いのは「女性を優遇した人事があるから、男性である自分は性転換してそれらを享受したい」や「（男性に向かって）性転換して女性研究者の賞に応募しろよ、まあそれでも受賞できるかわからないけど（笑）」といった発言です。

ぜひ「男女を逆転させるウイルス」が蔓延した世界に行ってもらいましょう。女性優位であるべきということが言いたいわけではなくて、一度そういう世界を人類が経験したら、想像力が働いてほんのちょっとだけ生きやすい世界になるのではないかという妄想です。

私がなぜ研究の世界にいるのかというと、研究が楽しいというのもありますが、知的な世界への憧れが根底にあるからだと思います。動物が好きだから獣医さんになりたいなあとぼんやり考えていた高校生の時に、衝撃的に賢い同級生と出会い、すっかり憧れてしまったことがきっかけでした。

その人はただ試験の成績が良いだけではなくて、たとえば現国の時間に先生から「君は魯迅《ろじん》なら何を読んだ?」と聞かれると「『阿Q正伝』がおもしろかったですね」と答えるような教養ある(でも決してひけらかさない)雰囲気が、とにかくかっこよかった。まねをして勉強を頑張ったり本をたくさん読んだりしても到底およばない気がしました。『阿Q正伝』は何がおもしろいのか、いまだにさっぱりわかりません。

東大へ行けばそんな感じのインテリがいっぱいいるだろう、ということで入学してみたらやっぱりいた! 自分で発見した数学の定理があるとか、辞書を読むだけで語学が習得できるとか、そういうインテリ武勇伝を聞くと、かっけえ! と気分が高揚しました。

一方で自分の興味は、リチャード・プレストンの『ホット・ゾーン』を読んだ影響で、ウイルスの研究にあったため、獣医学科の微生物学教室に入ったのです。そこで五年生の先輩に、君はどんな研究がやりたいんだと聞かれ、ふわっとした浅いことを答えたら軽く鼻で笑われてゾクゾク……。そうそうこれこれ、この緊張感ねって感じです。

実験はせっせとやっていましたが、冴《さ》えない結果にゲンナリしていたところ、たまたまラボに来ていた先生が「君の実験結果はこんな解釈もできるしあんな解釈もできる」と話してくれました。これは私の人生の岐路とも言える出来事で、なぜかと言うと、物事を知り考え判断する能力＝知性が、自分から見える世界をこんなにも広げるのだということを、身をもって知ることができたからです。それ以降、研究の世界にいたいと思うようになり、ときどき、いや頻繁に心折れそうになりながらも、辛うじて身を置かせてもらっています。

ごく最近にも似た経験をしました。ネオウイルス学の公募班で採択いただいた「ボルナ病ウイルスはなぜゲノムRNAに変異を蓄積しないのか」という研究について、ラウル・アンディーノ博士（カリフォルニア大学サンフランシスコ校）とディスカッションをしていた時のことです。

「NGS解析で検出したマイナーな配列を持つボルナ病ウイルスと野生型ウイルスを競合させて仮説を検証したいが、どういう式でウイルスの適応度（フィットネス）を算出できるか見当がつかない」

私たちの仮説を説明したあと、私がこう話すと、アンディーノ博士は「この実験のアイデアはすごくいい」と言い、少し考えると、おもむろにホワイトボードにグラフと式を書いて「この傾きがフィットネスだ」と。

ホワイトボードに書いてあることがだんだん理解できてくると、脳が失禁してやばい物質がじゃーじゃーと出まくっているような、恍惚《こうこつ》とした気持ちになりました。この世界に身を置けて良かったと感じる瞬間です。

アンディーノ博士は人間的にもチャーミングで、二〇一九年三月にロンドンで、大会長である朝長教授不在のままシンポジウムを開催しなければならず、どうにか無事に終えた私が矢吹ジョーばりに真っ白に燃え尽きていたところ、真っ先に近寄って握手をし、「すごくいいシンポジウムだった」と言ってくれました。

博士の発表は、この時間でそこまで話すのは無理じゃね？　っていう量の内容を独特の緩急で展開し、最後は突然すっ飛ばして終わったりする、お手本とはほど遠いものであることが多いという印象ですが、それすらも、もはや私からしたら、は〜素敵♡という感想になってしまうのであります。

ネオウイルス学の研究班の先生も大変魅力的な方々ばかりで、どうしたらこんなにおもしろい研究アイデアを着想できるのだろう、今のディスカッション半端ねえなとワクワクしながら発表を拝聴しています。そんな研究者の魅力を広く知ってもらうことも「ウェブ広報担当」である私の重要な役目の一つです。

発表になると一〇歳くらい若返り、眼光鋭くディスカッションをする先生、あれここ自宅のリビングかな？　ってくらいリラックスした状態でプレゼンする先生、伝えたいことが山盛りで競馬の実況のように早口になっている先生などなど、班会議のたびにその研究内容と人柄に魅了され、カメラのシャッターを激しく切っています。

先日、「研究者の写真をたくさんSNSにアップしても意味がない」という意見をいただき、大変がっかりしましたが、私から見ると発表をしている研究者はかっこいいので、きっと伝わる人には伝わるんだ、と信じて続けています。[1]また開設当初から、本領域のウェブサイトで研究者インタビューという記事を掲載していますが、一つとしてつまらない記事がないので、まだ読んでいない方はぜひご覧ください。[2]

学生と話していると、人生の選択において非常に慎重なので感心します。私はあまり先のことを考えずに、ただ幸運だけで来てしまいました。正直言って、女性研究者を取り巻く環境はさほど良くないので、女子学生が進路に悩んでいたら、率先して研究者の道を勧めようとは思いません。それでも損得で進路を選ぶのではなく、「ああこの世界の一員になりたい」と心の底から思うような出来事や環境を提供できる、魅力的な研究者に私もなりたいなと思っています。

註

（1） Neovirology 新学術領域研究「ネオウイルス学」ツイッター https://twitter.com/Neovirology

（2） NEO-VIROLOGY http://neo-virology.org/feature/featurecat/interview/

第五章　ウイルスを探す

フィールド調査――ウイルスの〝生息〟現場を知ることの重要性

大阪大学
微生物研究所　教授
渡辺登喜子

研究室を飛び出してフィールド調査へ

ウイルスの研究者にもいくつかのタイプがあって、フィールド調査が大好きな人もいれば、ラボで実験をしている時が幸せ、という人もいます。フィールド調査とは、感染症が発生している現場や、発生源となっている動物が生息する地帯に実際に赴いて行う調査のことを主に指します。

私自身は大学時代にウイルスの研究を始めて以来、二〇一六年までほとんど研究室で実験や解析をしてきました。もちろんそれも楽しい仕事です。しかし、「フィールド調査をしたい」という気持ちも持ち続けていました。ウイルス研究に携わる者としては、やはり自分がフィールドで採取したウイルスを研究して、病気の治療やワクチン作りにつなげたい――長年そう思っていたのです。

それは私のバックグラウンドにも関係があるかもしれません。私は北海道大学獣医学部の卒業生で、学生時代はインフルエンザウイルスの研究をライフワークにされている喜田宏先生のラボに所属していました。

渡り鳥のフンを拾い集めてインフルエンザウイルスを分離し解析することが、喜田ラボの主な研究の一つでした。喜田ラボは、この調査を長年にわたって続けており、渡り鳥がどのようなインフルエンザウイルスを保有しているのかを調べていたのです。大阪大学にうつる前に私が所属していたラボの主宰者・河岡義裕先生や、大阪大学の松浦善治先生も、喜田先生のラボ出身です。今は第一線で活躍するお二人も、学生時代には渡り鳥のフン拾いに駆り出されていたことと思います。

ところが私は、喜田先生のラボにいながら、フン拾いなどのフィールド調査には一、二回しか行ったことはありません。その後の二〇年間も、フィールド調査とはほぼ無縁でしたが、二〇一六年に、ようやく積年の思いを果たすチャンスがやってきました。

きっかけとなったのは、「ネオウイルス学」のプロジェクトでした。「ネオウイルス学」の〝ウイルスが自然界において果たす役割を明らかにする〟というのが、目的ですので、私は、〝インフルエンザウイルスと、その宿主である渡り鳥との共生関係について調べる〟という研究計画を立てました。

そのためには、喜田ラボで行っていたように、渡り鳥が保有するインフルエンザウイルスを解析する必要があると考え、最初に始めたのが、渡り鳥のフン拾いです。北海道大学の迫田義博教授（喜田先生の後任の先生です）のラボや、鹿児島大学の小澤真先生のグループが、渡り鳥のフンを採取する際に同行させてもらいました。

北海道では、数千羽の白鳥が飛来する、稚内《わっかない》市の大沼という場所、そして鹿児島では、出水《いずみ》市がフン拾いのフィールドでした。出水市は、一万羽ものツルが越冬する、日本一のツルの飛来地として有名ですが、多くのカモも飛来します。

出水市でのフィールド調査には、当時鹿児島大学に所属していた堀江真行先生（現・京都大学）も同行し、私たちはそれぞれ手分けしてカモのフンを拾い集めることにしました。小澤先生のグループとは少し離れた場所に向かったところ、無数のフンが点々と落ちている場所を発見し、うれしくなった私は、どんどんとフンを拾いました。

「渡辺先生が採取していた場所では、これまでフンを採取したことがないので、珍しいインフルエンザウイルスが取れるかもしれない」

フン拾いが終わった後、小澤先生がこう言っていたことに気を良くして、私は意気揚々と研究室に引き上げた……のですが、小澤先生のご協力のもと解析を行った結果、残念ながらインフルエンザウイルスは分離されませんでした。

ただ、この時の調査では、ウイルス分離以外に、カモの腸内細菌叢も調べる計画だったので、私が集めたフンからDNAを抽出し、メタゲノム解析をしてみたら……。なんと、私がせっせと集めてきたのは、カモのフンではなく、同じ場所にたくさんいたナベヅルのフンだったことが判明したのです。スタートからつまずいた私は、意気消沈しながら、ナベヅルのフンを冷凍庫にしまい込みました。

しかし、その後しばらく経った頃、小澤先生から思わぬ助言がありました。ナベヅルのフンを使った研究はまだ誰もやっていないから、それを研究するといい、と言うのです。というわけで冷凍庫に眠っていたナベヅルのフンを取り出し、小澤先生、堀江先生、東海大学の中川草先生と一緒に、ナベヅルの腸内細菌叢やウイルス叢の解析をすることにしました。

その結果、堀江先生は、ナベヅルのフンから新種のアデノウイルスを発見し、論文を発表しています。また、フンの中から昆虫類や魚類、植物などの遺伝子が見つかっているので、それをさらに研究していくと、天然記念物でもあるナベヅルの食性や飛来ルートなどが判明する可能性があります。

失敗だと思っていたことが、思わぬ研究につながることがあるんだなあと、柔軟に考えることの重要性を実感しました。おかげさまで、ウイルスハンター初心者の失敗は、周囲の人たちの力を借りながらカバーされつつあります。小澤先生の助言には本当に感謝しています。

フィールド調査を成功に導くコツ

二度目のフン拾いは、二〇一七年に西アフリカのシエラレオネで行いました。シエラレオネはエボラウイルスの研究で、何度か訪れたことがあります。その際の共同研究者の協力を得て、アフリカの渡り鳥が鳥インフルエンザウイルスを保有しているかどうか調べようと考えたのです。

この時のターゲットは、毎年ヨーロッパから渡ってくるアジサシでした。干潮の時間を見計らって、モーターボートでアジサシのいる干潟へ行き、今度はしっかりと、目標であるアジサシのフンを拾いました。その数を数えてみたら七七七個。なんだか縁起がいい感じがしましたが、日本に持ち帰ってウイルス分離を試みたところ……残念ながらインフルエンザウイルスは一個も分離されませんでした。

また失敗!? いえいえ、諦めずにこのフンの研究も続けています。電子顕微鏡で観察すると、インフルエンザウイルスはいなくても、何かウイルスっぽいものはいるのです。そこで堀江先生と一緒にDNAやRNAを抽出し、どんなウイルス遺伝子があるのか解析しています。

シエラレオネでは、二〇一九年にコウモリのハンティングもしました。多種多様で、個体それぞれがさまざまなウイルスや細菌を持っているコウモリは、非常に興味深い研究材料なのです。

シエラレオネでのコウモリ捕獲に協力してくださった方々。右端はシエラレオネ大学の Alhaji N'jai先生。左端が渡辺。

エボラウイルスの共同研究をしたシエラレオ

シエラレオネでのコウモリ捕獲の様子。コウモリの洞窟の出入り口の前に網を設置しているところ。アフリカでの防護服を着ての作業はとても暑い。

ネ大学の先生が「コウモリの専門家を紹介します。その人と一緒に行けば大丈夫」と言ってくれたので、日程を調整してコウモリの専門家を尋ねると、なぜか旅行中で不在でした。私たちは半ばその専門家を頼るつもりでいたので、コウモリを捕獲する網も、捕獲したコウモリを入れておく籠も用意していません。

現地の市場で、魚採りに使われるような大きめの網を調達しましたが、籠は手に入らなかったのでレース風の布を買い、袋状に縫って籠の代わりにしました。捕獲したコウモリは現地で解剖して臓器を取り出しますが、解剖するまでコウモリを生かしておく必要があるのです。

臓器サンプルは、普通ならドライアイスに入れて持ち帰りますが、シエラレオネではドライアイスが手に入りません。これは行く前からわかっていたので、臓器に含まれるDNAやRNAを安定させる試薬を持参し、それに浸しました。こうすれば室温で持ち帰れるのですが、こっそり運ぶと犯罪になってしまうので、輸出許可証が必要です。

ところがその許可証をどこで取れるのか、現地のスタッフに聞いてもはっきりしません。ようやくわかって申請しても、約束の日に許可証を取りに行くと用意されていなかったり、空港で許可証を見せても難癖をつけられて、賄賂を要求されたり……。

あとでアフリカでのフィールド調査に慣れている先生たちから聞いた話では、連絡のすれ違いや約束の遅れは「アフリカでは普通」だそうです。予定外のことが起きてもあわてず騒がず、むしろおもしろがって臨機応変に対処法を考えていくのが、国外でフィールド調査を成功させる秘訣《ひけつ》なのだと納得しました。

しかし、フィールド調査には危険も伴います。コウモリの捕獲もその一つです。吸血コウモリもいますし、コウモリ自体がエボラウイルスやマールブルグウイルスなどヒトにとって危険なウイルスを持っている可能性もあり、さらに捕獲場所にも何が潜んでいるかわかりません。

シエラレオネでは、洞窟に生息するコウモリが夕方そこを出て餌を獲《と》りに行くところをキャッチしたのですが、完全装備の防護服で行きました。解剖も防護服を着て行ったのですが、三〇度を超す状況下での作業はなかなか過酷なものでした。

ブラジルでのコウモリ調査

次にご紹介したいのは、ブラジルでのフィールド調査です。これもコウモリの調査ですが、シエラレオネとはいろいろな面で異なっています。

私たちのラボにゆかりがあるブラジル人研究者の仲介で、コウモリ研究のエキスパートとの共同研究が実現しました。狂犬病ウイルスを研究している女性研究者で、そのウイルスを持っているコウモリの捕獲にも慣れていますから、案内も必要な道具もすべてお任せすることができたのです。フィールド調査では、対象となる生物やハンティングの場所、方法を知り尽くしたエキスパートと組むことがいかに大切か、思い知らされました。

ブラジルでは何ヵ所かでハンティングを行い、フルーツを食糧とするコウモリや昆虫食のコウモリ、吸血コウモリなどを捕まえました。それを現地で解剖するところはシエラレオネと同じですが、ブラジルから臓器は持ち出せません。そのため現地でＲＮＡ抽出までして日本へ持ってくるのですが、RNAを国外へ持ち出す許可が出るまで半年かかりました。

ここまでお話ししたように、海外でのフィールド調査には困難がつきまといますが、それを帳消しにするほどの充実感ややり甲斐があるのです。

特にブラジルでは共同研究をした専門家だけでなく、サポートしてくれた人たちも協力的で、私たちの作業を興味深く観察して、「日本人はよく働く」とか「すごい」と感動してもらえました。私もすっかりうれしくなって、「こういう地道な作業から、ワクチンや薬ができる可能性がある」と話すと、また感動して「何か手伝えることはないか？」と聞いてくれるのです。

できれば今後本格的にブラジル拠点を作り、現地の学生を研究の道へ誘うことができたらいいなと思っています。生物多様性に富むアマゾンを抱えるブラジルには、未知の生物やウイルスがたくさん潜んでいるはずですから、ブラジルに拠点や共同研究者が増えることは、新たな感染症をいち早く察知し、先回りして対策を立てることにつながると思うのです。

女性研究者とフィールド調査

ところで、河岡教授のラボには女性研究者が多いのですが、ウイルス学全体から見れば女性研究者は少数です。研究の内容や段階によっては昼も夜も、平日も日曜もない日が続くため、女性にとって大学卒業後の職業にするには少々ハードルが高いのかもしれません。

私の場合、たまたま大学時代のボーイフレンドが同じラボの先輩だったので、彼のあとを追いかけて、何となく成り行きで研究の道に進みました。その彼は現在の夫で、国立感染症研究所のインフルエンザリサーチセンターに勤めています。

周囲の女性研究者も、研究職の男性と結婚する人が多く、みなさん家に帰ってからもお互いの仕事についてよく話し合い、また協力し合って家庭内のことを行っているようです。我が家も同じで、私が出張で家を空ける時は、夫が子どもたちの世話をしてくれます。

そんな家庭環境なので、エボラ出血熱が流行しているシエラレオネへ初めて行く時も、フィールド調査で再びシエラレオネに行く時も、反対はされませんでした。

「僕が反対したところでどうせ行くでしょ。自分のやりたいことをやりなさい」

というのが夫の意見です。改めて考えると、私が研究を続けていられるのは夫の理解とサポートがあってこそ。子どもたちも研究や調査の話をおもしろがって聞いてくれるので、つくづく私は恵まれていると思います。

アフリカやブラジルなどのフィールド調査の話をすると、「怖くないの?」と思う人もおられることでしょう。まったく怖くない、とは言えませんが、それより好奇心や使命感のほうが大きいような気がします。もともと獣医学を専攻してましたし、自然が豊かな安曇野で育ち、父親とよく山などにでかけていたので、コウモリが棲む洞窟に入るのもさほど躊躇《ちゅうちょ》はしませんでした。とはいえ、洞窟の中に無数のゴキブリがいるのを目の当たりにした時には、さすがに背筋がぞわぞわとしましたが……。

フィールド調査で困ることはほとんどありませんが、強いて挙げるなら、トイレの問題があるでしょうか。サンプル採取の現場に行くまで車で何時間もかかることがありますが、そんな時でも、男性陣は気兼ねなく用を足すことができますが、女性だとそう簡単にはいきません。

これは北海道大学の女性ウイルスハンター、大場靖子先生も同じ感想で、せめて携帯可能なトイレ用の囲いのようなものがあればいいのに、と二人で話したことがあります。

しかし、女性だから困ることはこれだけ。今のところウイルスハンティングを大いに楽しんでいます。楽しいだけではなく、ウイルスの研究に従事するなら、「ウイルスを保有している動物が生息している場所を訪れることが大事」だとも思っています。

二〇一五年、エボラ出血熱が流行しているさなかのシエラレオネへ行った時は、感染した人から採取した血液サンプルの処理や解析を行いましたが、実際に感染症で苦しんでいる患者さんがいる流行地で研究を行ったことは、私にとって非常に貴重な経験になりました。流行地において、現地の人々と共同で作業をし、またウイルスに感染した人々の苦しみに共感することによって、「感染症を制圧する」ことの重要性を実感できるようになったと思います。

喜田先生や河岡先生といった、私が教えを受けた先生方は、ウイルスという小さなものを研究しながら、非常に大きな視野で物事をとらえ、ウイルス感染症に取り組んでいらっしゃいます。

そのような研究者に一歩でも近づきたい、というのが私の望みですが、フィールド調査に行くようになって、私が恩師と思う先生方の原点が少し理解できたような気がしています。

きわめて個人的な願望は、「自分が主催するラボを持ち、学生たちに研究の楽しさと大切さを伝えていきたい」ということです。幸運にもラボを持つ夢は叶《かな》いましたので、気持ちを引き締めて取り組んでいます。

新型コロナの影響で、二〇二〇年に行うはずだったフィールド調査はストップしたままですが、状況が変わったら今後もフィールド調査は続けていくつもりです。

温泉の古細菌ウイルス――古細菌ウイルスと生命の起源

東京工業大学
地球生命研究所　特任助教

望月智弘

地球と生命の起源を求めて温泉へ

今を遡ること約四〇億年前、地球上に最初の生命が誕生したと考えられています。その数億年後、さらに進化した生命はＬＵＣＡ（Last Universal Common Ancestor）と呼ばれる共通祖先から、まず古細菌（アーキア）と細菌（バクテリア）、その後さらに真核生物へと分かれていきました。ＬＵＣＡから古細菌と細菌への分化がいつ、どのように起きたのかは明らかになっていませんが、ウイルス（ファージ）が進化の引き金に関わっていたかもしれない、という説もあるほどです。

ＬＵＣＡが地球上にいた三十数億年前、どんなウイルスがいたのかを見極めたい。それが私の最終的な目標です。

では実際にどんなことをしているのかと言えば、各地の温泉地を巡り、お湯の中から新しいウイルスを探すことをメインにしています。お湯といっても、私が採取するのは九〇～一〇〇度ぐらいの熱湯に限られます。七〇度前後の温泉のウイルスは、一九七〇年代から日本も含めた世界中で研究されていましたが、ウイルス探索目的で九〇度前後の温泉サンプルを集めているのは、日本では私ぐらいだと思います。

ちなみに、このような高温環境に生息する微生物のことを、好熱菌と呼びます。よく間違えやすいのですが、「好熱菌」であって「高熱菌」ではありません。これは英語の thermophile が語源で、「熱を好む」「熱がないと生きられない」ことから、こういう名称になっています。実は納豆菌など、熱に耐える菌はそこそこ身近にもいるのですが、好熱菌は温泉など、限られたところにしか生息していません。さらに、八〇度以上を好んで生息するものを、「超好熱菌」と言います。

七〇度と九〇度、どちらも人間からすればかなりの高温で、たかだか二〇度の差ですが、七〇度では細菌、九〇度以上では古細菌と、培養できる生物群が大きく異なるのです。ちなみに、七〇度の好熱細菌を宿主とするウイルス（ファージ）は、二〇〜三七度あたりの普通の温度で培養できるウイルスと、ほとんど何も差がありません。

古細菌自体、一般のみなさんにはなじみがないと思いますが、これについてはあとで説明することにして、まずは古細菌のウイルスを見つける方法からお話しします。ウイルスのハンティングは宿主となる生物を捕まえるところから始まりますが、宿主が目に見えない微生物の場合は、対象となる微生物が生息していそうな環境のサンプル、私の場合は超好熱古細菌が生息していそうな熱水を採取するのがスタートです。温泉が湧き出る場所でお湯を採り、お湯の中に超好熱古細菌がいたら、それを宿主とするウイルスを釣りあげようとするのです。

各地に温泉が豊富に湧き出る日本は、古細菌ウイルスのハンティングに最適です。しかも、ほとんどの温泉地帯がリゾート開発され、温泉の管理者もホテルや旅館であることが多いので、アクセスも含めて容易に調査ができるのです。多くの場所で一泊二日、場合によっては日帰り程度でもサンプルを採ってくることが可能です。これが海外だと、野山を分け入って、ということにもなりかねないので、行くだけでも大がかりですし、一度に行ける源泉の数は限られてしまいます。

どの施設へ温泉を採りに行くかは、温泉宿が公表している保健所の水質検査データも大いに役立ちます。また、宿ごとの湯の温度とｐＨ値が出ている旅行雑誌の情報なども大事な情報源ですが、このような情報を事前にネットで簡単に調べられるのは日本くらいです。目標の温泉施設に着いたら受付で温泉水採取の許可を取るのですが、その時のセリフはたいていこれです。

「地球の起源と生命の起源を研究するため、源泉のお湯を採取させてください」

一般に、「ウイルス」には「怖い病原体」のイメージがつきまとっているので、「未知のウイルスを探しています」と言うと、保健所的な調査と勘違いされて断られるのは目に見えています。地球科学的な調査であれば「まともな学術目的」と思ってくださるようなので、このように断りを入れています（嘘《うそ》をついているわけではないですし）。

採水は優雅に温泉に浸かりながら……ではなく、八〇～一〇〇度前後の源泉で行います。源泉温度が超高温になる大半の温泉施設では、熱湯の源泉を冷ますため水を加えるので、浴槽のお湯ではなく、屋外の地中からお湯が噴き出す場所まで行くのです。

ちなみに、よく、「仕事で温泉巡りできていいですねー」と羨ましがられます。しかし実際は、できるだけ多くの源泉水採取を目的としているため、一日の終わりには水の重みで肩にアザができるほどの重労働です。

外国でもハンティングをしていますが、地球レベルで見ておもしろいことに気づきました。世界中どこの熱湯であれ、温度やpH値が一緒だと、よく似たウイルスが採れるのです。まだ仮説の段階ですが、温泉ウイルスは大気を介して循環し、世界のいたるところに移動したのではないかと考えられていて、今後は大気中の微生物を調べている人と一緒に研究したいと思っています。

日本で初めて古細菌ウイルスを発見

さて、一〇〇度の熱湯の中でも生きられる古細菌は、「細菌」とつくのでややこしいのですが、細菌（バクテリア）とは異なります。よく、「古細菌ってどんな細菌ですか？」と質問を受けますが、そもそも細菌ではないのです。

微生物の分類が顕微鏡観察による形態などで行われていた頃は細菌の仲間と分類されていましたが、一九七〇年代から遺伝子配列に基づく分類法が確立され、九〇年代以降は、「細菌とも真核生物とも異なる第三の生物界（ドメイン）」として明確に区別されるようになりました。

私が古細菌ウイルスに興味を抱いたのは、京都大学農学部で海洋分子微生物学講座（通称・

3ドメイン系統樹

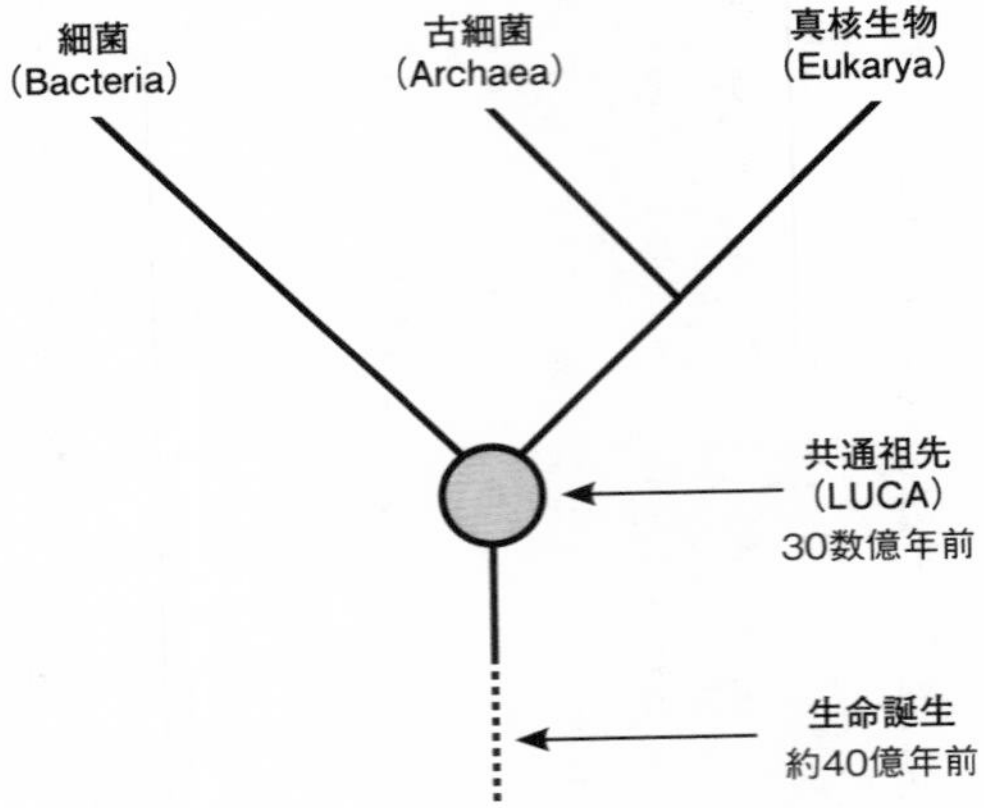

海分微）に所属した直後でした。当時、この研究室で盛んに調査されていた熱水環境について、指導教授が「ここには古細菌がたくさんおるんや。古細菌に感染するウイルスとかもいっぱいおるんやろうな」と、ボソッとつぶやいたことから、「古細菌ウイルス」という言葉が頭に残って離れなくなったのです。

それを研究したい、自分でも古細菌ウイルスを発見してみたい、古細菌ウイルスのゲノムを読んでみたい、古細菌ウイルスは生命の起源や初期進化に大きく関わっているかもしれない、と考えて独自に調査を始めました。何しろ、当時（二〇〇五年時点）、古細菌ウイルスは全部で十数種しか発見されていませんでした。すでに一〇〇年以上の研究の歴史があり、数千、数万種（株）が知られていた細菌や真核生物のウイルスとは桁違いも桁違いです。

調べてみると、古細菌ウイルスではレモン型やボトル型など、一般的なウイルスの形状とはまったく異なるものが多く、同じ原核生物である細菌ウイルスとはまったく異なるウイルス群であることにも深い興味を覚えました。自分にとって好都合だったのは、好熱菌や古細菌の研究自体は前述の通り温泉に恵まれた日本で非常に盛んでしたが、古細菌ウイルスを研究している人が日本ではゼロだったことです。人とは違うことをしたい、と思っていた自分にとっては、それもモチベーションアップの一因でした。こうした幸運が重なり、研究室所属から一ヵ月も経たない時点で、自分は今後古細菌ウイルスのフィールドで生きていくと決めていたのです。

実際の研究活動は、指導教授が「ここには古細菌ウイルスがいっぱいおるんやろうな」と言った、まさにそのサイトのサンプルを利用して始めました。そのサンプルが研究室の冷蔵庫にストックされていたので、その熱水から採れた古細菌からウイルスを検出しようと試みたのです。しかし、古細菌・細菌・真核生物などの細胞性微生物を研究対象とする海分微には、微生物観察用の光学顕微鏡はあっても、ウイルスを観察する電子顕微鏡がありません。

そこで、研究室の先輩である吉田天士先生（現・京都大学）が当時所属していた福井県立大学に出向き、電子顕微鏡で観察させてもらうと……ウイルスを思わせる棒状の粒子が複数観察できました。この時点で私は有頂天、親しくしていた先輩にカエサルの「来た、見た、勝った」をまねて駐車場の車中から「来た、見た、あった！」とメールしたのを今でもよく覚えています。

日本で初めて古細菌ウイルスを発見したので、このまま自分は古細菌ウイルス学者になる、と決意したのもこの時でした。しかし、その後このウイルスを調べていくと、宿主の古細菌を殺しません。当時、微生物のウイルスは宿主を殺すもの、と思われていたので、指導教授を始め周囲の教員すべてから、「お前が見つけたのはウイルスではない」と否定されてしまいました。

先行研究を調べて、「古細菌ウイルスには宿主を殺さないものが存在することが発表されている」と訴えても、やはり認めてもらえません。先行研究をさらに調べるうち、ドイツ在住でジョージア（旧グルジア）人のデイビッド・プランギシュビリさんとフランス人のパトリック・フォルテールさんが、この分野で抜きん出た研究をしていることがわかりました。しかもその二人が二、三年前に手を組み、パリのパスツール研究所で新たな研究室を立ち上げたばかりであると知った日、私は勝手に決めたのです。

「博士課程はパスツール研究所へ行く！」

この時まだ京大の修士一年生だった私は、尊敬する二人の大家に恐る恐るメールを送り、バックパックを背負ってパリまで会いに行き、修士課程を終えてから念願のパスツール研究所への留学を果たしました。

初めのうちはパスツール研究所のレベルの高さに戸惑うばかりでしたが、日本で最初に発見したウイルスの研究も進み、新しいウイルスの発見も続いて充実した留学生活でした。

古細菌ウイルス研究で地球上最初の生命に迫る

私が追い求めている古細菌ウイルスは、形状がバラエティに富んでいます。今も電子顕微鏡や写真で見るたび、純粋に「かわいい」とか「きれいだ」と感じます。七〇度以下の温水にいる細菌ウイルスは地中にいる細菌ウイルスとほぼ同じ形ですが、超好熱古細菌ウイルスは、ウイルスの形状に関する常識外のものが多数見つかるのです。

一般的なウイルスは正二十面体や線形など幾何学的な形状が多いのですが、先述したように古細菌ウイルスはレモン型、なで肩のブルゴーニュタイプのワインボトル型などなど、ビジュアル系ウイルスが多いと言えます。今風に言えば、「インスタ映えするウイルス」です。

古細菌ウイルス

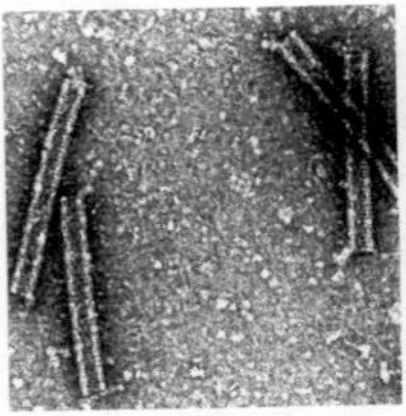

Spiraviridae科
ACV（バネ・コイル型）

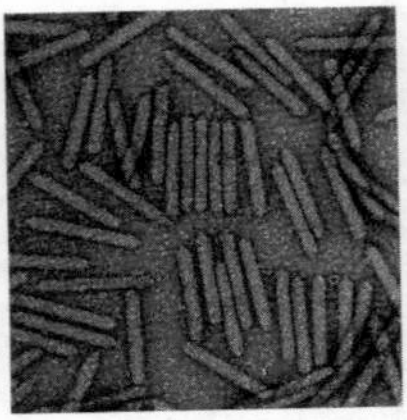

Clavaviridae科
APBV1（桿菌型）

Bicaudaviridae科
未分類APSV1（レモン・紡錘型）

「なぜ古細菌ウイルスだけ、形に多様性があるのですか？」

何人もの方々からこう聞かれますが、私にもまだわかりません。物理法則から考えると、温度が高くなるほど生物多様性は低くなるはずです。実際、微生物の場合、二〇度、三〇度の環境下では多様性が高いのですが、九〇度ぐらいになると非常に多様性が低くなります。その理屈に当てはめると、超好熱環境に生息するウイルスは多様性が極端に低いはずなのに、現実はまったく逆。古細菌ウイルスだけ、驚くほど多様性が高いのです。形だけでなく、その遺伝子配列もきわめて多様性が高く、コードされている遺伝子のほとんどが、過去に解読された全遺伝子が掲載されているデータベースと照合しても、何にもヒットしません。

電子顕微鏡で見たことのない形のウイルスを確認できた時は、いつも素直に感動します。その心境は、昆虫採集に熱中して珍しい昆虫に出くわした、夏休みの小学生に近いかもしれません。

古細菌ウイルスは現在までに約一〇〇種類、科に分けると二二科ほど発見されていますが、そのうち一〇科は私が見つけました。これは腕の良さではなく、古細菌ウイルスの多様性という特色に救われた結果です。それに加えて、日本人である自分にとっては、各地の温泉に簡単にアクセスできた「地の利」も大きく働きました。

ウイルスを発見したあとはゲノムを読んだりさまざまな解析をしていきますが、古細菌ウイルスは研究の歴史が浅いこともあって、簡単に新しい発見ができます。その意味で感動したのは、初めて一本鎖DNAを持つウイルスを発見した時でした。それまで好熱性の古細菌ウイルスは物理化学的に最も安定したゲノム構造とされる二本鎖DNAのものしか発見されていなかったのですが、鹿児島の海岸温泉で発見したウイルスが一本鎖DNAであり、極限環境でも二本鎖DNA以外のゲノム構造が存在できることを二〇一二年に証明できたのです。

二本鎖DNAと一本鎖DNAでは、二本鎖のほうが格段に安定しています。その理由の一つは、二本鎖であれば、仮に一ヵ所切断されたとしても、向かい合う鎖を使って構造を保持することができ、その間に修復酵素に切断部位を補修してもらうことができるからです。その二本鎖DNAでさえ、一〇〇度の熱湯では二本の鎖が乖離《かいり》してしまうと言われていたのに、現実に二本鎖DNAゲノムを持つ微生物が一二〇度以上の熱湯の中でも存在しています。その現象自体まだ謎が多いのですが、一本鎖DNAウイルスもまた熱湯中で存在できる例を初めて示せました。

一本鎖DNAでは部分切断が起きた場合、先ほどの「向かい合う鎖で構造を保持」ができないため、その瞬間ゲノムとしてはゲームオーバーになります。自分も含めて多くの人が、一〇〇度近い高温では、一本鎖ゲノムは存在できないのではないか、と考えていました。

しかし、熱湯の中で存在している一本鎖DNAの古細菌ウイルスが発見されたことで、別の可能性も期待できます。現在ではまだ発見されていない古細菌のRNAウイルスも、熱湯の中で存在している、という可能性です。RNAはDNA以上に熱に弱く、七〇度のお湯の中では、ものの数秒で分解してしまうという化学実験データがあります。

このデータは、「生命は熱水の中でRNAゲノムを持つものとして誕生した」、とする「RNAワールド仮説」と相いれません。RNAワールド仮説は、生命の起源の研究分野における教科書的な説ですが、好熱性のRNAウイルスが発見できれば、この説の裏づけともなります。

たとえば七〇度の温水からはRNAウイルスが見つかるけれど、九〇度以上のお湯からは見つからない、ということになれば、「RNAワールド仮説が正しいとしたら、生命誕生は七〇度以下だった」という説を立てることもできるわけです。逆に、どの温度帯でも高温環境からはＲＮＡウイルスが存在しないとなれば、「ＲＮＡワールド仮説」そのものを再検討する必要が出てきます。

　このように、高温環境下でのウイルスの多様性を知ることは、生命の起源の手がかりも探れるきわめて重要な課題です。私はそれを目指すと同時に、超好熱性ウイルスの多様性を解明したいと考えています。

　各地で採取したサンプルは研究室に持ち帰り、そこからウイルスを分離培養しています。微生物の多様性を研究する分野では、近頃の流行は培養はせず、環境サンプルから網羅的にゲノムＤＮＡを抽出するメタゲノム解析です。メタゲノムの成果には目覚ましいものがありますが、私のように未知のウイルスを探している者にとって、メタゲノムでは不十分だと言えます。

　たとえばメタゲノム解析で八〇度の温泉からＲＮＡウイルス様の配列が見つかったとしても、それはたまたま風に乗ってサンプル内に落ちた未知の動物ウイルスかもしれません。超好熱性ＲＮＡウイルスが存在するという動かぬ証拠にはならないのです。

　時代の先端を走るメタゲノム解析に比べて、培養してウイルスを増やしていく私の手法はゴリゴリの昭和スタイルです。しかし、それも悪くないと思っていますし、今後もこのスタイルを貫きたいと思っています。

多様性に関して言えば、現在はさまざまなウイルスの多様性が進化のどの年代に生まれたのかを追究しているところです。一つわかってきたのは、レモン型の古細菌ウイルスは、古細菌という生物群の祖先が生息していた時代に登場したこと。このレモン型ウイルスは、古細菌の中では好熱菌に限らず、好塩菌や常温菌など普遍的に見つかっているからです。一方で、細菌や真核生物からは一つも見つかっていません。

つまり、確定はできませんが、およそ三十数億年前に今の古細菌の祖先が誕生したのとほぼ同時にレモン型ウイルスも誕生したのだと思われます。古細菌自体、三十数億年前に誕生して以来次々種分化を起こしてきたので、レモン型以外の古細菌ウイルスは、古細菌の進化のあとに出てきたのではないか。現時点で、私たち古細菌ウイルス研究者の多くはそう考えています。

この一〇年、二〇年ほどで古細菌ウイルスの研究例が増えたことから、「なぜ古細菌のウイルスは多様性が高いのか」の「なぜ?」はわかりませんが、「いつから?」が少しずつわかるようになってきました。

古細菌ウイルスハンティングはアートである

パスツール研究所への留学以降、日仏を何度か往復して、日本に落ち着いたのは五年前です。日本の温泉地も東北地方を除いてほぼ踏破してサンプルを集めました。

ハンティング以外の研究テーマとしては、ウイルスが増殖する仕組みを調べたり、やりたいことはたくさんあるのですが、ハンティングがあまりに楽しくて、最初に古細菌ウイルスを研究し始めてから一五年経った今も、それに多くの時間を割いています。ウイルスの増殖の仕組みの解明などは、ある程度手法がルーチン化されているので、いざとなればほかの人に任せても大丈夫。一方、ハンティングは長年の経験や勘が問われますから、やはり自分で行いたいのです。研究を始めた頃の私を知る京大の元同僚らには、いまだに研究テーマが変わっていないことに驚かれています。

ウイルスの遺伝子機能や増殖の仕組みの解明は、手法に少々の違いがあれど、誰が調べても得られる結果は同じになるはずの再現性を伴った「サイエンス」ですが、ウイルスハンティング、特に古細菌ウイルスのハンティングは人によって結果が違ってきます。

温泉のサンプル採取にしても、今日行くか明日行くかで結果は違うと思います。宿主となる古細菌をプレートで培養するといくつかのコロニー（塊）ができますが、どのコロニーをピックアップするかによって得られる菌株が変わり、その株ごとに、後に取れるウイルスが形レベルで変わってくるのです。古細菌以外のウイルスであれば、この程度のこと（株の違い）ではとんど結果に差異は出ません。

ここが古細菌ウイルスのおもしろいところで、私にとって古細菌ウイルスのハンティングはサイエンスでなく、アートです。右脳が感覚的な思考、左脳が論理的な思考を司《つかさど》っているとすれば、私は右脳でサイエンスをしているつもりでいます。

新型コロナウイルス対策にも古細菌ウイルス研究が役立つ!?

「なぜ古細菌ウイルスは多様なの？」に次いでよく聞かれる質問で、「それって何かの役に立ちますか？」があります。ＰＣＲの耐熱酵素など、有用酵素といった観点から将来的に何か役に立つものが意図せず誕生することはなきにしもあらずですが、基本的な研究のモチベーションが「生命の起源」なので、あえて胸を張って「何の役にも立ちません」と言っています。

先ほど、古細菌のＲＮＡウイルスや、三十数億年前のＬＵＣＡ時代のウイルスを解明することが目標と述べましたが、実はみなさんのもっと身近なところにも目標があります。それは、高校の生物学実験の授業で古細菌を、さらにできれば古細菌ウイルスを扱ってもらうことです。

微生物の分離培養の実験を楽しんでもらい、ヒトに病気を起こさないウイルスの存在を知ってもらいたい、広く微生物学に興味を抱くきっかけになってほしい、と思っています。

なぜそう考えたかと言うと、古細菌ウイルスは冷蔵庫で保存しても死にませんし、培養がかなり簡単にできます。仮に高校の理科室でウイルスの培養実験を行うとなった場合、インフルエンザウイルスやノロウイルスなど、ヒトに感染するウイルスは危険すぎて扱えません。大腸菌などの無害な細菌に感染するウイルス（ファージ）の場合は、無菌操作を行うための、ある程度の設備と、そこそこの技術が求められます。

一般的な微生物では、周囲から雑菌が入る「コンタミネーション」（異物混入）が起きやすいのが問題です。しかし、九〇度前後で培養するような超好熱古細菌とそのウイルスであれば、雑菌は入ってもすべて死滅します。九〇度の環境は数千円で売っている保温機能つきのポットを使えばできるので、学校の実験材料に適しているのではないかと思います。

このような身近な環境から若いうちに微生物と触れ合うきっかけを持ってもらい、興味を抱いた若者の中から、将来的にたとえばインフルエンザやコロナウイルスの研究の道に進む人が出て、彼らが人類の役に立つ研究をしてくれたとしたら……遠回りで間接的にでも社会に貢献できるかもしれません。

それと同じ意味で、二〇二〇年のコロナ禍になって研究し始めたこともあります。古細菌ウイルスを利用した新型コロナウイルスのワクチン開発です。

私が見つけた古細菌ウイルスの表面に外来タンパク質をつければ、理論的にはワクチンとして機能します。ワクチン開発でも先ほどのコンタミネーションの問題がつきまとい、工業レベルの大量生産では大きな問題となりますが、九〇度の環境で作る古細菌ウイルスのワクチンであれば、雑菌混入の心配も無用です。理論的には、完璧な滅菌装置がない途上国でも製造ができるので、いつか古細菌ウイルスが人を救うことになるかもしれません。

また、もともと多くの観光客が入浴している温泉施設から取っているので、元となる古細菌ウイルス自体を我々は吸い込んでいます。もちろんそれで病気になることもないので、副反応の心配もなく、痛い注射すら必要なく使えるかもしれません。蒸気を吸うだけで効くワクチン。それが作れないかなあ、なんてことも考えています。

ただしこの計画はまだ初歩的な技術開発の段階で、古細菌ウイルスを利用した新型コロナウイルスのワクチン作りは当分先の話です。しかし、将来的には古細菌ウイルスがパンデミックウイルスのワクチン作りの候補の一つになることはありうるのではないか、と本気で信じています。

生命の起源を探る話から始まり、最後は未来のパンデミックワクチンの話になりましたが、一人でも多くの方が古細菌ウイルスに興味を持ってくだされればうれしいです。

ウイルスハンティングを通して感染症対策を講じる

北海道大学 人獣共通感染症リサーチセンター
分子病態・診断部門 准教授
大場靖子

私がウイルスハンターになった理由

もともと病理学研究室の技術員だった私が、アフリカの大地でネズミやコウモリや蚊を捕獲するようになるなど、自分でも考えていませんでした。きっかけとなったのは、澤洋文《ひろふみ》先生（北海道大学 人獣共通感染症リサーチセンター 分子病態・診断部門）との出会いです。澤先生が北海道大学医学研究科の病理学教室でポリオーマウイルスの基礎研究をされていた当時、私は技術員としてウイルス研究に関わっていましたが、先生方

防護服を着てコウモリが棲む洞窟に潜入

に導かれて修士、博士課程に進学し、いつの間にか、人獣共通感染症リサーチセンター（以下、人獣センター）でウイルスの研究者になりました。

人獣センターがザンビアに拠点を作った二〇〇七年からは、現地でのフィールド活動も行っています。現在のように「蚊」が運ぶウイルスの研究が中心となる前は、ウサギぐらい大きいラットやコウモリも捕まえていました。

ラットなどのげっ歯類動物は餌を置いたケージを広大な野原に仕掛けて獲りますが、コウモリは木にぶら下がったものや洞窟の中にいる群れから捕獲します。コウモリが棲む洞窟は真っ暗でミスト（霧）が立ち込めていますが、ミストの正体はコウモリの尿のようです。

普通の方ならそれだけで拒否反応が出てしまいそうですが、私は怖さより興味が上回りました。実は技術員をしている頃から、人があまりやらない仕事をしてみたい、という気持ちがあったのです。アフリカの大地での調査活動は、世界の広さ、自然の素晴らしさを実感できる貴重な体験です。こうしてザンビアでの野生動物に潜むウイルスの調査を続け、二〇一二年頃からは、「虫」にも手を出し始めました。

ダニ、蚊やサシバエなど、吸血性の節足動物の中には、ヒトや家畜にウイルスを媒介するものが多数含まれています。節足動物が媒介するウイルスを総称してアルボウイルスと言いますが、中でもブニヤウイルス目やフラビウイルス属などには、感染した動物に脳炎や出血熱といった重篤な症状を起こすウイルスが多く含まれるので重要な調査対象なのです[1]。

主に亜熱帯の気候であるザンビアでは、ウイルスを運ぶ可能性のある蚊が多数生息しているので、蚊をターゲットにすることにしました。洞窟でのコウモリの捕獲より「冒険感」は少ないですが、ネオウイルス学に寄与する新しい発見もできて、蚊に愛着も湧いてきました。

人間をもっとも多く殺す生物・蚊

人間をもっともたくさん殺す生物は、ライオンでもクマでも毒ヘビでもなく、蚊です。蚊が媒介する病気で命を落とす人は、毎年七〇万人以上と言われるほどです。

蚊が媒介する病気の代表はマラリアで、年間六〇万人以上がマラリアで亡くなっています。マラリアを起こすのはウイルスではなく、マラリア原虫という単細胞微生物ですが、ウイルスも侮れません。先ほどご紹介したフラビウイルス属には、デングウイルス、ジカウイルス、ウエストナイルウイルスなど、重い病気を起こすウイルスが含まれています。

特に発熱を起こすデングウイルスは、毎年四億人が感染していると推定されています。感染した人すべてに症状が起こるわけではありませんが、デング熱を発症した人の中に「デング出血熱」と呼ばれる重症化する病気に発展する人がいます。出血熱の名の通り、鼻や消化管から出血し、死にいたることもある深刻な病気です。

やっかいなことに、デングウイルスには1から4型の四種類があり、初めにデングウイルスに感染して症状が出なかったとしても、違う蚊によって異なる型のデングウイルスに感染すると、重い症状が出ることもあります。

デングウイルスを媒介するのはネッタイシマカとヒトスジシマカで、東南アジア、南アジア、

ネッタイシマカのオス

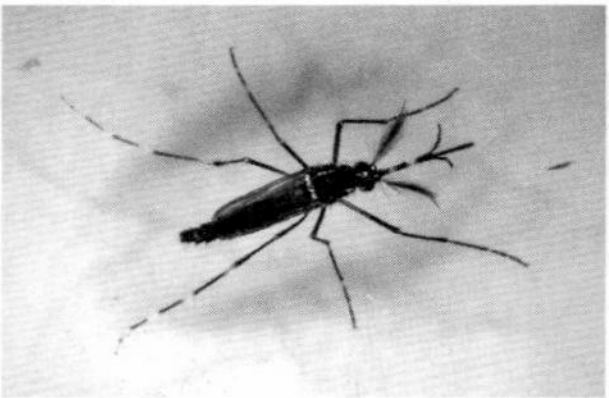

ネッタイシマカのメス

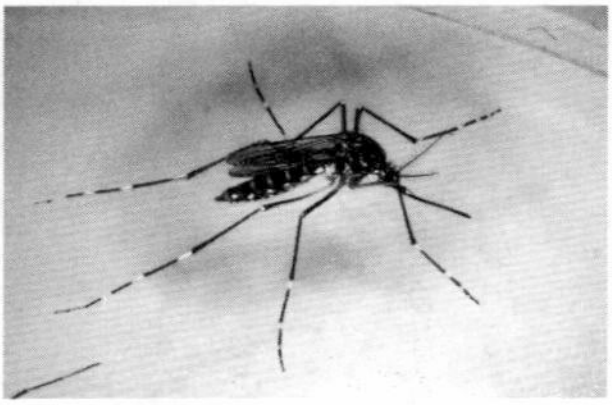

ヒトスジシマカのオス

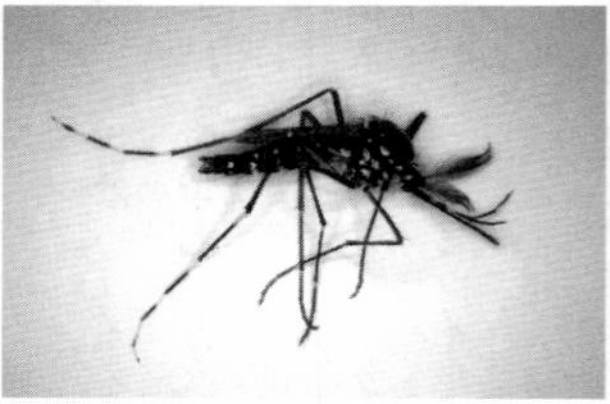

ヒトスジシマカのメス

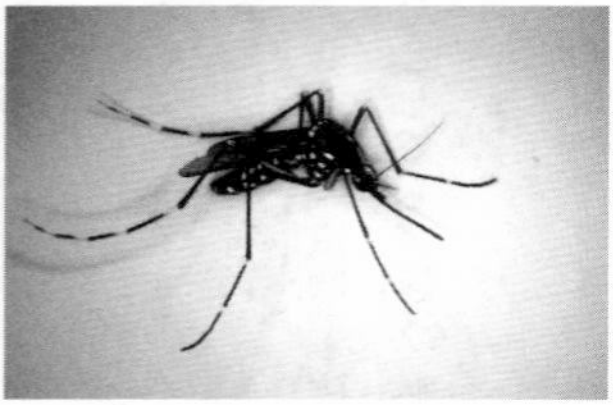

中米、南米、アフリカなどに多く生息しています。つまりその地域がデング熱の多発地帯ですが、日本に住んでいる私たちも安心はできません。[2]

ネッタイシマカもヒトスジシマカも比較的暑い地帯に生息する蚊ですが、ヒトスジシマカは年間の最低気温が一〇度以上であれば生き延びるので、地球の温暖化に伴って生息地域が世界中に拡大しています。日本でもかなり以前から生息し、現在は関東圏からさらに北へと生息地域を広げ、東北地方でも生き延びると言われているのです。

二〇一四年に東京都内の公園で蚊に刺された人が、デング熱を発症した事例を覚えておられるでしょうか。一〇〇人を超す人がデング熱を発症した事例で、その時デングウイルスを媒介したのがヒトスジシマカです。

幸いこの時は、公園周辺の蚊の駆除や蚊の発生を抑制する迅速な対策によって、デング熱の拡大は防ぐことができました。しかし、温暖化がますます進む中で、蚊が媒介するウイルスがもたらす感染症の危険性も増していると言えます。その割に、蚊のウイルス研究は意外なほど少なかったのです。

ザンビアではデングウイルスを始めとするアルボウイルスを運ぶ節足動物がそこかしこに生息しているのに、私たちのチームが調査を開始するまで、まったく調査がなされていませんでした。私たちにしても、蚊の生態に関する知識がまるでなかったので、ザンビアで初歩の初歩から調査と研究を始めたのです。

蚊のウイルスを調べることで、蚊による感染症が起こる可能性を想定して先回り対策を立てたり、蚊に潜むさまざまな未知のウイルスを明らかにして、新しい研究をしたいと思っています。

ザンビアで初めてナイルウイルスを発見――蚊の調査現場報告

ザンビアでの蚊の調査は、ラットやコウモリと同じく、蚊を捕獲することから始まります。動物の血を吸うのはメスの蚊ですので、メスの蚊を集めやすいトラップを選びます。

私たちが採用したのは、CDCライトトラップと、BGセンチネルトラップの二種類で、前者は豆電球のライトとCO_2ガス（二酸化炭素ガス）で、後者はヒトの皮膚の匂いがする誘引剤で蚊を集めて、ファンでネット内に集める仕組みです。特にCO_2ガスには幅広い種類の蚊が集まってきます。洋服で皮膚を覆っていても蚊が寄ってくるのは、呼気に含まれるCO_2で「血を吸える動物がいる」と悟られてしまうからです。

CO_2の発生には通常ドライアイスを使います。東京の公園でデング熱が発生した時のテレビニュースなどで、蚊のトラップのそばにドライアイスが吊《つ》り下げられているのを見た方もおられるでしょう。しかし、ザンビアではドライアイスの入手が難しいため、パン作りに使うドライイーストを利用することを考えました。空いたペットボトルにドライイーストと砂糖を入れ、水を注いで放っておくと、発酵してブクブクとCO_2が出てきます。とても簡単で安く済

CDCライトトラップ

BGセンチネルトラップ

むので、非常に便利です。同時にアルコールができるので、マンゴーでも入れておけばマンゴー酒ができるかもしれません。

蚊を捕獲したネットは回収したら丸ごと凍らせて蚊を殺し、一匹一匹取り出して、顕微鏡で種類ごとにオスとメスを分けていきます。オスとメスには明確な違いがあり、頭部から出ている触覚が羽毛状でふさふさしているのがオス、毛が短いのがメスです。肉眼でもわかるので、壁にとまった蚊でも判別できるようになります。

といってもこれは明るい日差しの下でのことで、ザンビアで蚊を鑑別する時は話が別です。私たちはザンビアの各地に蚊のトラップを仕掛け、獲れたらその場で鑑別していますので、暑さや停電などに毎回悩まされます。蚊は毎回何百匹も獲れますから、鑑別の時間も長くかかり、その間にしばしば停電するのです。夜間に停電すると鑑別自体ができませんし、凍らせて殺したはずの蚊が生き返って、部屋の中を飛び始めたこともありました。

鑑別を終えて種ごとに分けた蚊は、液体窒素が沁《し》みたタンクに入れ、マイナス八〇度以下で日本に輸出し、そこから先は北大の研究室で調べます。ウイルスはマイナス八〇度の液体窒素下でも死滅しないので、どんなウイルスが含まれているか未知数な検体の解析はＰ３の実験室で行わなければなりません。

Ｐ３とはバイオセーフティレベル３の病原体を扱うことができる封じ込め施設で、ヒトや動物に重篤な病気を起こすことがある病原体を扱います。

現在までの調査で、新しい発見もありました。その一つが、ザンビアで初めてウエストナイルウイルスを見つけたことです。ウエストナイルウイルスは、一九三七年にウガンダの西ナイル地方で見つかったウイルスで、現在も南北アメリカやヨーロッパ、アフリカの各地でウエストナイル熱やウエストナイル脳炎の流行を起こしていますが、ザンビアでは発見されていませんでした。

ザンビアでウエストナイルウイルスが確認されたことで、このウイルスや病気に対する調査や対策が必要なことを現地の関係者に伝えることができました。[3] これまで、蚊に刺されて熱が出たからマラリアだと診断されていたり、原因が不明な脳炎患者の中には、ウエストナイルウイルスによる感染症が含まれている可能性があるのです。私たちの調査や研究は非常に地味なものですが、この時のようにフィールド調査をしている国の人たちに少しでも役に立ったと実感できた時は、やり甲斐を感じます。

蚊の調査はザンビアに続いてボリビアでも行っていますが、両方の国で、フラビウイルス属の新しいウイルスを何種類か発見しました。遺伝子の配列を調べると、現在知られているフラビウイルス属のウイルスに似ていますが、配列は大きく異なりますので、これまでに報告されていない「新しいウイルス」と言えます。

それらのウイルスは、蚊の間でしか感染しません。蚊を媒介してヒトや動物の体内に入っても、病気を起こさないのです。そのためになかなか発見されなかったのだと思いますが、調べていくと興味深いことがわかってきました。

蚊でのみ増殖するフラビウイルスの中には、感染した蚊に別のウイルスが入ってくると、そのウイルスの増殖を抑える働きをするものもあります。また、フラビウイルスの遺伝子の一部が、さまざまな種類の蚊の遺伝子の中に組み込まれていることもわかってきました。生物の遺伝子の中にウイルスに由来する遺伝子配列があることを「内在性ウイルス様配列」と言いますが、私たちはフラビウイルスの遺伝子が蚊の中に残ったこと自体、何か意味があると考え、その解明にとりかかっています。

新発見のウイルスを利用した新規の実験もスタートしました。先にご紹介したように、新発見のウイルスはヒトや動物に対して病原性がありませんが、ヒトに病気を起こすデングウイルスやジカウイルスと近いのです。そこで、両者のウイルス遺伝子を組み換えて、さまざまな可能性を検証しています。

たとえばデングウイルスやジカウイルスの抗体ができやすい部分を、病原性がないウイルスに組み込んで、抗体の検査やワクチンとなるような抗原を作ることもできます。また、病原性がないウイルスと、病気を起こすウイルスとを比べることで、ヒトや動物に病気が起こるメカニズムがわかるかもしれません。こうした実験はトライ&エラーの繰り返しで長い時間がかかりますが、自分が望んでいた、「誰もやっていない仕事」で成果を出すことを目指して日々進めています。

蚊の美しさに目覚める

今回、ネオウイルス学を一般の方にお知らせする機会をいただいたことで、初めて自分の足跡を振り返るチャンスを得ました。ザンビアへの渡航歴を数えると二四回にのぼっていて自分でも驚きましたが、たしかに年に二回ほどのペースでザンビア入りしています。蚊のハンティングを始めた当初は、ザンビアにおける蚊の分布も種類もわからない状態でしたので、そこから調べ始めてザンビア中の地域を巡ったものです。

二〇一六年にはザンビアの西隣に位置するアンゴラでフラビウイルスが媒介する黄熱のアウトブレイク（集団発生）が起こり、アンゴラ国境に近い西部の州都モングでの調査を開始しました。現在もモングを中心に調査を行っています。

モングの中でもビクトリアの滝につながるザンベジ川流域で蚊のウイルスが見つかる確率が高いことが理由ですが、この地域がまた美しいのです。私たちが調査にでかけるのは雨季が始まる一一月後半、あるいは雨季が終わる四月頃ですが、毎回広大な景色に感動します。

この地帯の住民は川魚を主な食材にしていますが、ＪＩＣＡの協力で稲作も行っていて、モング米は美味《おい》しいと評判です。ザンビアの食事は、特に地方ではトウモロコシで作るシマという蒸しパン風のものと、鶏肉《とりにく》か牛肉を焼くか煮るかしたものしか選択肢がなく、肉が苦手な私にはつらいものがあります。野菜もトマトと何かの葉っぱがあるぐらいです。その代わりどこにでも実っているマンゴーは食べ放題なので、最初のうち私はマンゴーばかり食べていて、人間はマンゴーさえあれば生き延びていける、と思ったものです。

初めの頃は毎回お腹《なか》を壊していましたし、時差にも対応できずに体調を崩すことが多かったのですが、いつからかそれもなくなりました。ザンビア人のゆったりとした時間の過ごし方にも慣れ、今ではザンビア滞在にも、ザンビアの人たちにも愛着を感じています。

愛着と言えば、研究対象にしている蚊も顕微鏡で一匹一匹見ているうち、愛着を感じるようになりました。蚊は美しい、という気持ちも湧いています。特にボリビアのアマゾン地帯に生息する蚊は、派手な蚊が多く、蝶のように全体が鱗片で覆われ、紫色や金色にキラキラ輝いているのです。

現在、北大の人獣センターでは、蚊を卵から孵化《ふか》させて継代飼育していて、蚊を使ったウイルスの感染実験などができます。蚊が思うように血を吸ってくれなかったり、元気がなかったり、実験がなかなかうまくいかないことが多いですが、そうした蚊を使ってほかの研究室ではできないような研究をしていると、ますます蚊に対する愛着が深まるのです。

たった一つ問題なのは、野外に蚊を採りに行くということは蚊に刺されるリスクが高まります。一般の人は蚊に刺されるとすぐにかゆみを感じ、しばらくすると治るのでしょうが、私の場合、赤ちゃんによく見られる遅延型の反応で、蚊に刺されてから一、二日経ってから症状が出て、患部にひどい腫れや水膨れができるのです。幸いこれまで感染症にはかかっていませんが、子どものように目の上を刺されてお岩さんのようになったこともあります。ザンビアで何度蚊に刺されても同じ症状が出るので、網をかぶるなど何か対策が必要かもしれません。

今のところフィールド調査での悩みはそれぐらいですが、海外の調査地では子ども扱いされることも多いので、いつも同行している澤先生や現地の共同研究者を頼っています。これからはもっとコミュニケーション力や交渉術を磨く必要があると実感しています。

註

(1) 日本ウイルス学会「ウイルス」「節足動物媒介性ウイルス」第七〇巻第一号、三一一四ページ、二〇二〇年

(2) 上村清編『蚊のはなし―病気との関わり』朝倉書店、二〇一七年

(3) 国立感染症研究所「病原微生物検出情報IASR」「〈外国情報〉ザンビア西部地域におけるウエストナイルウイルスの単離・同定」Vol.40、No.9、九月号、一五九―一六〇ページ、二〇一九年

第六章　数理でウイルスを知る

感染の仕組みと広がりを数式で解く

京都大学 大学院
医学研究科 教授

西浦 博

数理モデルで感染症対策をしたい

私はもともと医師ですが、現在は数理モデルを活用して、感染症の拡大予測をしたり、感染防止策のアドバイスを行っています。数理モデルとは、一人の感染者が近くの人に感染を広げていくプロセスを、その伝播現象のメカニズムごと数式化していくツールです。

もともと私は、神戸市立工業高等専門学校で電気工学を学んでいました。当時の夢は、子どもの頃から憧れていたロボットコンテストの出場や、ソーラーカーの開発でした。ところが、一九九五年、一七歳の時、阪神・淡路大震災が起こり、混乱の中で大きな道具も持たず被災者を救っているお医者さんの姿に心を打たれ、進路を変えて大学で医学部に進むことにしたのです。

現在の道に進むきっかけになったのは、大学四年生の時に参加した、中国での「ポリオ撲滅プロジェクト」でした。ポリオはポリオウイルスによる感染症で、ワクチンの普及によって二一世紀に入ってからは感染者が激減しています。

私が参加したプロジェクトは九〇年代後半に行われたものですが、そこでヒトがウイルスに感染して流行する確率をたった一つの数式で表せることを知り、衝撃を受けました。あまりに感動が大きく、その後は数理モデルを使った感染症対策の勉強に打ち込んだのです。

感染症対策に数理モデルが使われるようになった歴史は非常に古く、一八世紀にスイスのダニエル・ベルヌーイという数学・物理学者が、天然痘の感染率と死亡者数を数式にまとめたのが始まりと言われています。しかし、この分野が発展を遂げたのは、それから二世紀を経た一九八〇年代後半でした。

この頃、サンフランシスコのゲイコミュニティでＨＩＶによるエイズ発症者が多発したことを受けて、英米の学者たちが数理モデルによる感染拡大予測を示したことが、契機になりました。それ以降は、コンピュータの発達と、新たに得られたデータを更新しながら確率を逐次的に計算可能なベイズ統計学の発達に伴って、数理モデルによる感染症対策も発展してきたのです。

私がこの分野のスペシャリストを目指した二〇〇〇年当時は発展期に当たりますが、医師免許取得後に「数理モデルで感染症対策の研究をしたい」と言うと、「感染症は近いうちに制御されてなくなってしまうからやめろ」と、進路相談で必死に止められたものでした。

結局、反対を押し切ってこの分野の研究が進んでいたイギリスやドイツ、オランダの大学で学び、今にいたっています。

スーパー・スプレッダーを追え

さて、では数理モデルを使ってどのように感染症対策を進めていくのか、実際の例でご説明していきます。二〇一五年に韓国で流行し、日本への上陸が懸念されていたMERS（中東呼吸器症候群）と、二〇〇三年に中国の広東省《カントン》での拡大が契機となって世界的に流行が拡大したSARS（重症急性呼吸器症候群）のモデルです。

ＭＥＲＳを引き起こすウイルスは、元来ヒトコブラクダが持っていたＭＥＲＳコロナウイルスで、サウジアラビアやＵＡＥ（アラブ首長国連邦）では、ヒトに数多く感染を起こしていました。同じコロナウイルスの仲間でも、新型コロナウイルスより病原性が少し高く、ヒトからヒトへと広がる「伝播」が起きることもあります。

韓国での流行もそのケースで、制御が難しい伝播が連続して起きていました。感染の仕組みを知るためには、まず感染者の特定と発症時間、移動場所、接触歴などの情報を集めます。これに感染者から分離したウイルス遺伝子情報を合わせると、ほぼ確実に誰が誰に感染させたのかを再構築できるのです。

結論から言うと、ＭＥＲＳの場合、（中国での感染者一人を除き）韓国では一八五人の感染者が出ましたが、そのうち一六六人は誰にも感染させていませんでした。残りの一九人が二次感染者を生み出したわけですが、その一九人の中に、一〇人以上の感染者を生み出した人が五人いました。一人で異常に多くの二次感染者を生み出す人物はスーパー・スプレッダー、その現象のことはスーパー・スプレッディング・イベントと呼ばれています。

ＭＥＲＳの流行に先がけて、二〇〇三年にＳＡＲＳコロナウイルスによるＳＡＲＳの流行がありました。香港での流行拡大を通じてアジア各国に広がり、八〇〇〇人を超える方が亡くなり

図(1)　SARS in Singapore, 2003

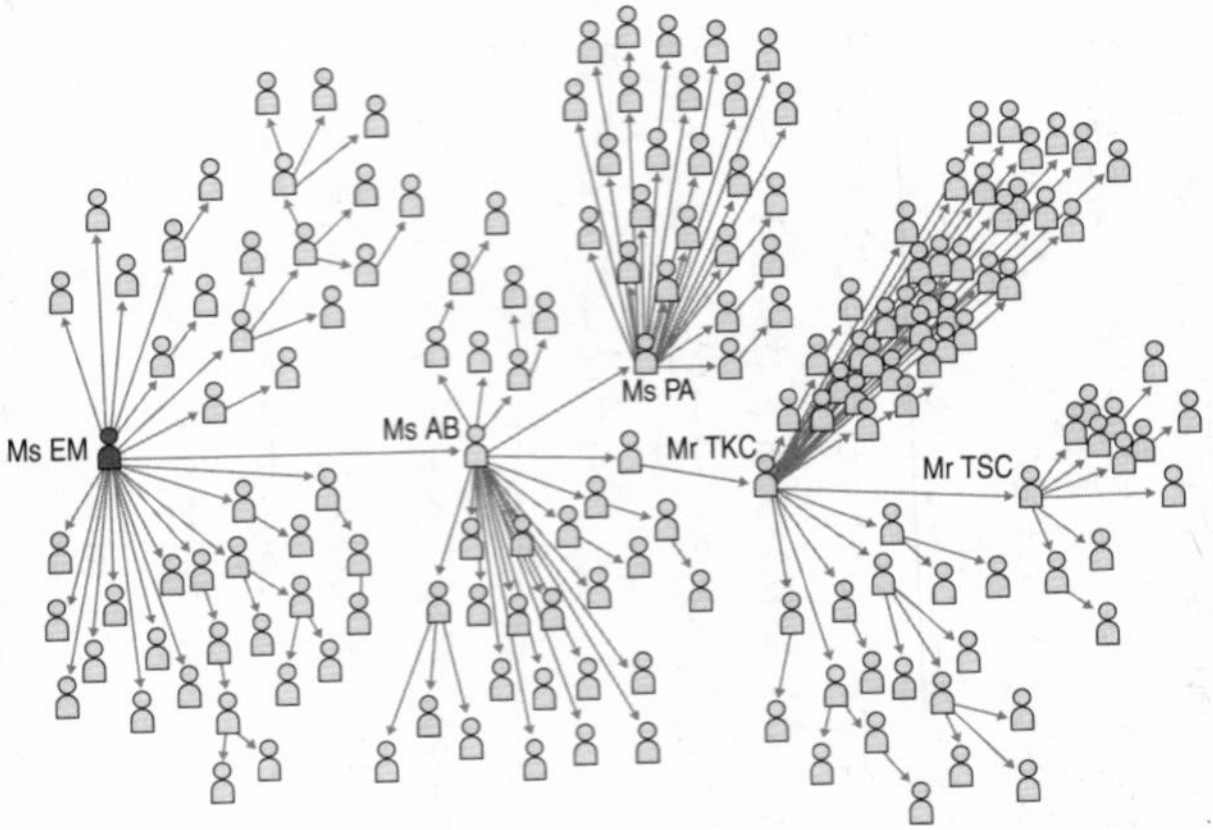

ましたが、このSARSでもスーパー・スプレッディング・イベントが起きていたのです。

図(1)は、シンガポールのSARS感染を表したもので、やはり一部の人物だけがスーパー・スプレッダーとなり、残りの人物はほとんど二次感染に寄与しないため、感染はブドウの房状に広がっていきます。

同じく左ページの図(2)MERSの場合も、いびつな形で感染拡大が起こっていました。

ここから読み取れるのは、こういった感染症の対策はランダムに行っても効率的でなく、スーパー・スプレッダーになりうる人物の特性を知った上で戦略を立てることが、非常に重要だということです。

図（2）　MERS in Al Hasa, 2014

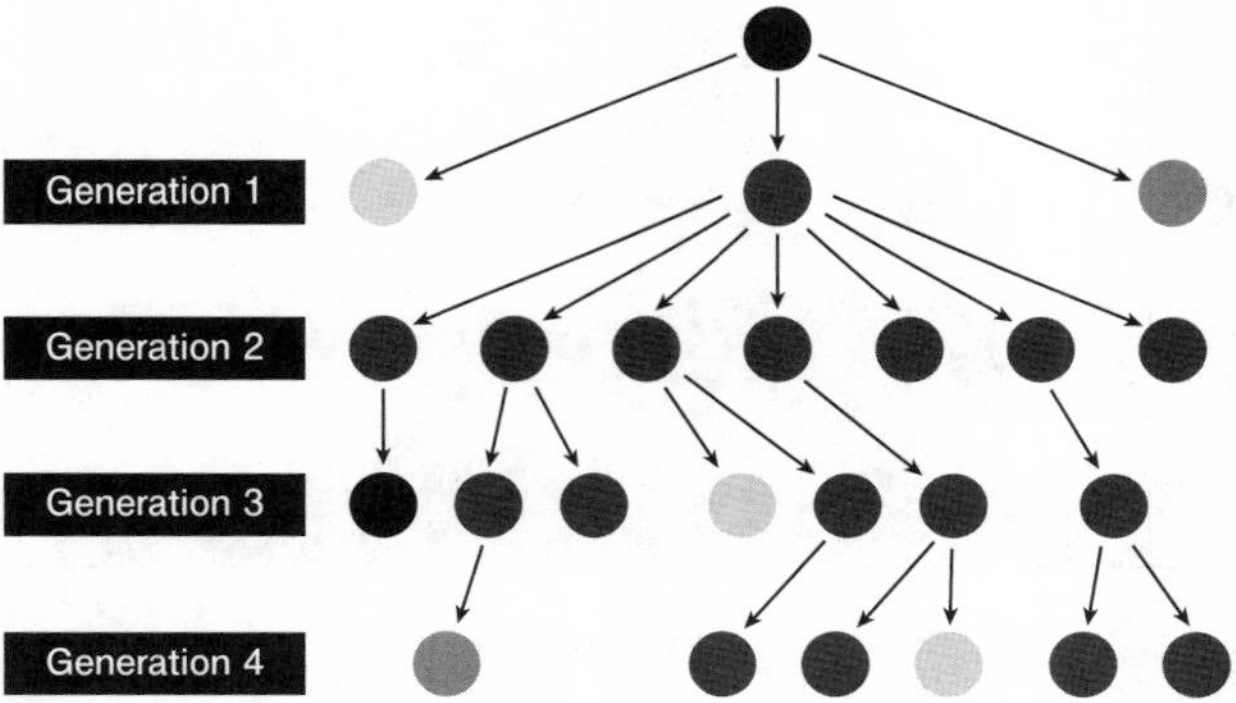

韓国におけるMERSの調査では、救急外来の待合室に長時間大勢が一緒にいるなど、インドアの医療機関での接触を頻回に経験している方からスーパー・スプレッダーが生まれることがわかりました。韓国ではセカンドオピニオンを求めて医院をはしごする人が多いのですが、複数の病院を受診した人からスーパー・スプレッダーが生まれやすいことを確認できました。こうした調査結果の積み重ねが、感染症の対策に活かされていくのです。

二次感染者を生み出す人物を特定するには、まず感染源の発病時刻から二次感染者の発病時刻までの日付を調べます。

次ページの図（3）はシンガポールのSARS患者さんのデータですが、これを見るとSA

図(3) Classical reconstruction

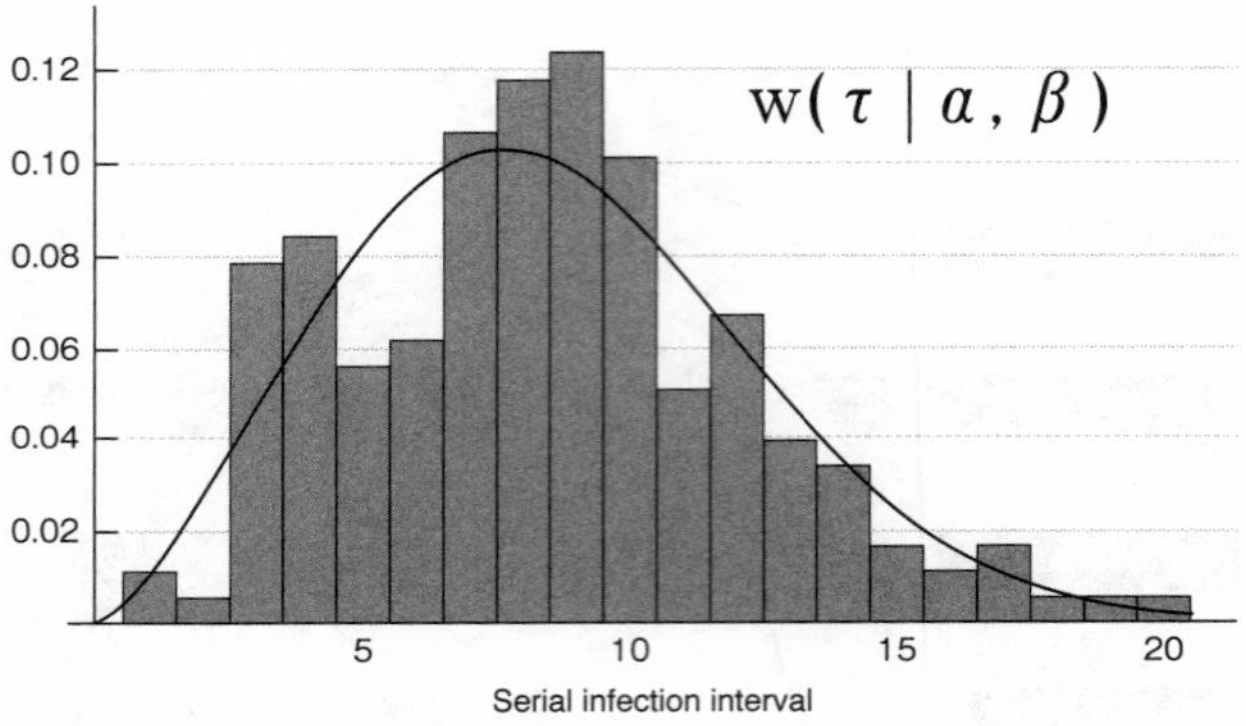

RSはおおむね一週間から一〇日の頻度で二次感染者、三次感染者と入れ替わっていきます。

一方、次ページの図(4)のa、b、cは、右端の人物dに、SARSを感染させうる状況にあった三人の人物です。下に引いた横軸は時刻で、ta、tb、tcと記したのは、a、b、cの三人と、右の人物dの発病時刻の間隔を表しています。

この時刻の間隔を266ページの図(1)と照らし合わせ、加えてa、b、c、とdが「同じ町内の住人」「通勤電車が同じ」などの情報を加えると、dへの感染者が確率的に推測できるのです。

さらに、決定打となるのが、各人から採取したウイルスの配列情報で、これを加えれば、ほぼ確実に感染者の特定が可能になります。

a、b、c、d各人の脇に記したATCGAC

図（4） Better reconstruction

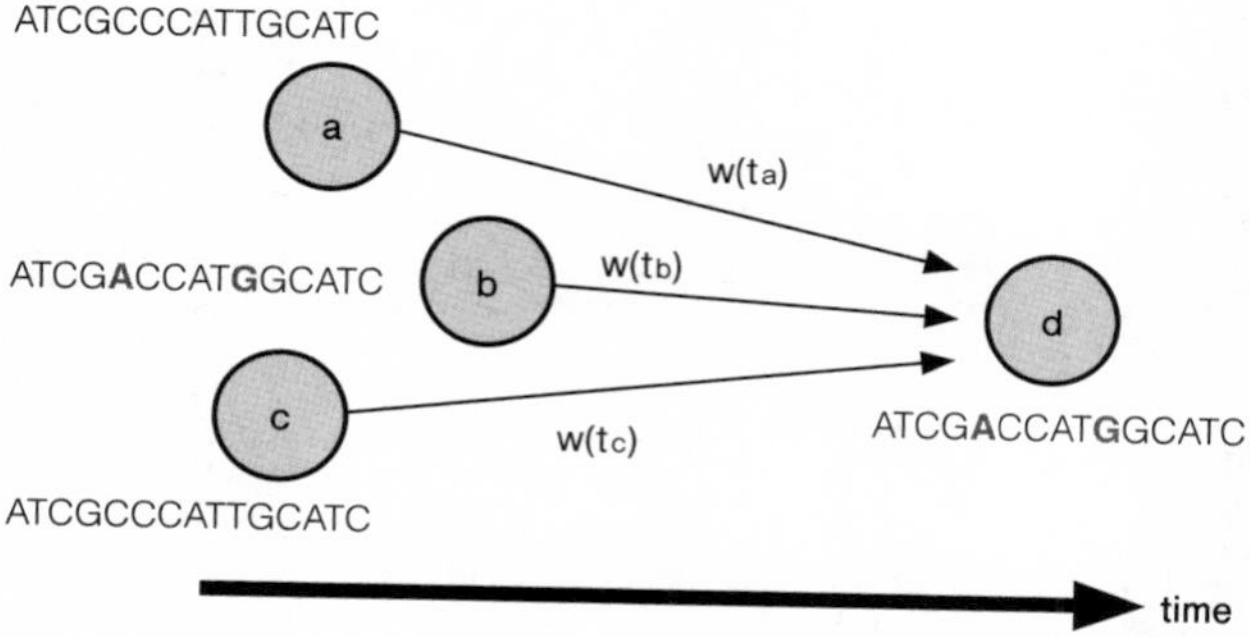

$$L(\delta_{AB},\omega|D)=L_t(\delta_{AB},b|t_A,t_B)\,L_{\mathrm{geo}}(\delta_{AB},r_0,\alpha|\chi_{\mathrm{A}},\chi_B)$$
$$\times L_{\mathrm{gen}}(\delta_{AB},p|\mathrm{RNA}_A,\mathrm{RNA}_B).$$

$$L_{\mathrm{gen}}(\delta_{AB},p|\mathrm{RNA}_A,\mathrm{RNA}_B)$$

$$=\frac{(p_{\mathrm{ts}}/N)^{d_{\mathrm{ts}}}}{(1-(p_{\mathrm{ts}}/N))^{d_{\mathrm{ts}}-N}}\frac{(p_{\mathrm{tv}}/N)^{d_{\mathrm{tv}}}}{(1-(p_{\mathrm{tv}}/N))^{d_{\mathrm{tv}}-N}}\,p_{\mathrm{del}}^{1_{\mathrm{del}}}(1-p_{\mathrm{del}})^{1-1_{\mathrm{del}}}$$

……などのアルファベットが遺伝子配列で、bとdが非常に似通った配列を持つことが特定できますので、この場合「bが、dへの感染源である」、という結果です。

以上のことがらを数式に当てはめたのが、図（4）下の数式で、感染がすでに起きてしまっている時は、この手法で伝播の経緯をコンピュータ内で再構築して流行動態を理解し、それを拡大防止策の立案へとつなげていきます。感染症の数理モデルで使われる数式は、なじみのない方には呪文のように思われるかもしれませんが、私にとってはこよなく美しいものです。

新興感染症のアウトブレイク（通常期と異なる異常な数の感染者の集団発生）時には、スーパー・スプレッディング・イベントが起きることは以前から知られていましたが、原因はわからずじまいでした。

しかし、MERSが流行した時、疫学情報とウイルスゲノムを統合した数理モデルによって、初めてその仕組みが明らかにされてきたのです。

予防接種率の正確さ

次に、予防接種の目標値を求める方法を、SARSの例でお伝えしましょう。一人の感染者が生み出す二次感染者の平均値を、基本再生産数と言います。SARSの場合、一人が平均三人にウイルスを感染させるので、基本再生産数は3です。しかし、もし二次感染者候補のうち二人が予防接種を受けていたら、感染者は一人にしかウイルスをうつせません。三人とも予防接種を受けていれば、二次感染者はゼロ人になって、SARSの流行はすぐに終息します。

基本再生産数が３の場合、感受性のある人（感染を受けやすい人）の数を全体の三分の一未満にすれば感染拡大を防げますので、予防接種率の目標値は三分の二以上、数字で言えばおよそ七〇％です。つまり七〇％が感染増大と減少の境界線というわけで、この数字を予防接種の臨界接種率と言います。

数理モデルでは、基本再生産数はR_0《アールゼロ》と記述します。ＳＡＲＳの場合は、R_0が３でしたから、もしも人口のうち、「１－１÷３」が予防接種で免疫を獲得していたら、ＳＡＲＳの流行を免れることができます。

これを一般化すると、予防接種率の目標値（ｐ）は、次の数式で表せます。

$$p > 1 - 1 \div R_0$$

数理科学の言葉だと、基本再生産数の閾値定理を利用した予防接種率の目標値決定、と呼ばれるものです。

予防接種率については、オランダでポスドク（ポストドクター、博士研究員）として麻疹《ましん》（はしか）の研究をしていた時代、社会問題を目の当たりにしながら、数式の確かさを学んだことが印象的でした。

当時、オランダで麻疹が流行し、基本再生産数は20前後と高い値でした。R_0＝20で予防接種率の目標を求めると、九五％以上。要するに、人口の九五％が予防接種を受ければ感染は収まります。

オランダでは、およそ九四％の国民が予防接種を受けていました。これでほぼ国単位で集団免疫を獲得できた、と思われたのですが、実態は異なっていました。オランダのある一部の地域で、高い確率で感染が継続していたのです。そこは「ワクチン低接種率ベルト」と呼ばれる予防接種率の低い地域で、低所得者と移民が多く暮らしています。そこで、低接種率ベルト地域で大々的な接種キャンペーンを行い、あと少しで麻疹をほぼ根絶できるところまでこぎつけました。

この時の体験で、予防接種率モデルの正確さを実感しましたが、同時に予防や治療の行き届かない地域がある「社会のひずみ」に目を向けることの大切さも感じたものです。

未来の感染症対策にも数理モデルは役に立つ

新型コロナウイルス感染症が全世界的に流行し始めてから、世界中で数理モデルの研究者が、それぞれの国の政府機関にアドバイスを行っています。それを受けての政府の対策は国によってまちまちですが、先進国ではもはや数理モデルが感染症の対策に欠かせないツールとなりました。私もコロナが流行の兆しを見せた頃からクラスター対策に関わるなど、政府に協力する立場におります。

二〇二〇年の四月に厚生労働省のクラスター（感染者集団）対策班が、「何も対策を講じなければ重篤患者が約八五万人になる」と公表したのをご記憶の方もおられるかもしれません。ウイルスのリスク評価をコミュニケートする時は、「流行対策を何も講じなければ」という状況のように、高い数字になる可能性も躊躇なく言及しなければなりません。万が一、発表したリスク評価より実際の被害が大きければ、病院を始め社会に与えるインパクトが巨大になるからです。

逆に、現実の数値が低く抑えられた場合、「あの発表は大げさだった」とお叱りを受けますが、それを見据えた科学コミュニケーションや政治との役割分担は日本では未発達です。ただ、私たち感染症の制御を担う人間にとって、「大げさだった」と言われることは誇らしいことです。ウイルス流行の制御に、ある程度成功したという証ですから。

意見が百家争鳴しがちで風当たりが強くても、めげたり疲れたりしたら「負け」です。私たちの研究室では、若いメンバーが刻々と変化していく日本や諸外国の疫学データを更新し、分析の準備を行っています。こうしたデータの蓄積と分析によって、感染症対策もより精度が上がっていくのです。

政府、省庁関連の集まりで私が心がけているのは、科学的に真を求め続けて「空気を読まない」ことです。経済対策に傾きがちな雰囲気の中で、「忖度《そんたく》」せずにリスク評価を行い、データ分析結果をフィードバックさせなければ、と心しています。

人口全体の現象は必ずしも完璧にモデル化できません。人の振る舞いは読みきれませんから、サイエンスではなくアートに近い感覚でモデル化していきます。それが成功した時の興奮は、同じ分野の仲間でないと共有できないかもしれません。

二〇三〇年を迎える頃には、数理モデルを使った感染症対策がすさまじい進化を遂げていると思います。現在は感染ルートがわかっただけでも喜んでいますが、近い将来、ウイルスの遺伝子配列がわかると重症化のリスクもすぐ計算できたり、オーダーメイドの個人薬が簡単にできたりするようになっているかもしれません。

他方、新型コロナウイルス感染症のパンデミックで、一度立ち止まって考えなければならない問題もクローズアップされました。人口過密な都市が増え、世界中どこでも簡単に移動できる社会は、感染症流行に対して非常に脆弱《ぜいじゃく》です。それを目の当たりにした今、数理モデルを活用しながら、感染症に強いまちづくり、感染を拡大しないライフスタイルをも考えつつアドバイスしていきたい、と思っています。

実験では示せないことがらを数字で証明する

九州大学　大学院　理学研究院
生物科学部門　数理生物学研究室　准教授

岩見真吾

異分野融合研究

私が所属している研究室は、「数理生物学研究室」という名称です。数式やコンピュータシミュレーションを駆使して、実験データや臨床データからウイルス量の変化などを調べ、薬の開発や治験のデザインなどにつなげていく研究をしています。

大学時代は数理工学科で、数学と物理を半分ずつ勉強していました。学部四年生で配属された関数方程式の研究室で「感染症に関連した数理研究をしたい」と思ったことが、現在につながっています。

今でこそ感染症の数理モデルはもてはやされていますが、当時は私の希望に理解を示してくれたのは担当の教授だけでした。教授からはワインの蘊蓄《うんちく》をたっぷり教えてもらって今でも仲良くさせていただいていますが、研究に関しては当時から単身で外部の研究室を訪問して学んでいました。教科書だけではわからないことを教えてもらいながら、ネットワークを築いてきたのです。

その頃からウイルス感染症に興味があったのですが、私自身はウイルスそのものの研究はしていません。生物学は中学時代に学校で習った知識ぐらいしかなく、生き物自体もあまり好きではありませんでした。土をいじったりするのも苦手です。自然にあふれた和歌山県の出身でいながら、コンクリートに囲まれて自然とも生き物とも触れ合わない都会的な研究生活に憧れていたのです。

私の場合、恵まれていたのは、大学院の時代に共同研究をしてくれる仲間が複数見つかったことと、私の研究が科学技術振興機構の「さきがけ」という研究支援プログラムに採択されたことでした。

初めて本格的な研究を共同で開始した相手は、京都大学の佐藤佳先生（現・東京大学）です。

テーマは佐藤先生が研究していたＨＩＶで、私にとっては子どもの頃から気になっていたウイルスでした。

ＨＩＶが引き起こすエイズは、私が子どもの頃大きな話題になっていて、小学校の担任の先生が、道徳の時間にＨＩＶの授業をしてくれたことが今も印象に残っています。エイズをテーマにした映画やドラマなども作られていたので、一番なじみのあったウイルスでもありました。

佐藤先生との研究は、ＨＩＶがどのような感染動態を持っているかということを数理で示したものでしたが、「ＨＩＶの病態を反映していないので現実的ではない」などという反応をいただきました。

最初の頃は、どの学会で発表しても、ひしひしと「アウェイ」感を味わったものです。私としては「異分野融合研究」の新しい研究をするつもりで始めたのですが、初めのうちは成果をどの学会で発表すればいいいか、という初歩のところで悩んでいました。

ホームであるはずの数学系の学会で発表すると、「そんな簡単な方程式を使って何になるの？」「生物への応用なんて怪しい研究をして大丈夫？」などと言われ、生物系の学会でもさまざまなコンサバティブ（保守的）かつ否定的なお言葉をいただき……おかげで打たれ強くなったと思います。

論文は、異分野融合の研究を始めてから三年間ほど、まったく発表できませんでした。あの頃、めげずに前へ進めたのは、「失敗してもいいから自分が思うように研究しなさい」という「さきがけ」制度のおかげです。

少しずつ結果が出るようになると、共同研究をしてくれる人が増えてきました。どの分野でも、一流の先生ほど、私のようなわけのわからないことをしている若手をおもしろいと思ってくれます。王者の余裕でしょうか。

C型肝炎ウイルスの感染戦略を解明

異分野融合研究を始めてから一六年経った現在は、共同研究をしている先生が国内外に広がってきました。扱うウイルスも、HIVと似ているHTLV-1（ヒトT細胞白血病ウイルス1型）やエボラウイルス、エンテロウイルス、エプスタインバールウイルスと、数が増えてきました。

ウイルス研究の先生方が「直感」や「観察」ではわかっていても実験で示すことができない部分を数字で証明する、というのも私の役割です。

たとえば二〇二〇年には、国立感染症研究所の脇田隆字《たかじ》先生、渡士《わたし》幸一先生と、C型肝炎ウイルスの感染戦略を解明しました。

C型肝炎ウイルスは、実験に使えるウイルス株が二種類しかありません。そのうち一つを作ったのが脇田先生で、もう一つは、そのウイルスと別のウイルスを掛け合わせたキメラウイルスです。

C型肝炎ウイルスの研究は、ほとんどその二つのウイルスが使われるのですが、どうもこの二つのウイルスは、複製をする場所やサイクルが違うらしいのです。

片方のウイルスは感染した細胞の中でウイルスをたくさん複製するのに対し、もう一方はすごく早く細胞の外にウイルスを出す。このことは、研究者の間では知られていました。

つまり、C型肝炎ウイルスは「細胞の中に引きこもって、ずっとその細胞内で安全に子孫を増やす」タイプと、「細胞内から粒子として外へ出て、別の細胞に感染して子孫を増やす」タイプと、二種類の子孫繁栄戦略を持っているように見えます。

しかし、細胞内にこもるウイルスと外へ出ていくウイルスのパーセンテージを、実験で示すことは難しい。そのため繁栄戦略に関してはなかなか研究が進んでいなかったので、数理モデルでそれを研究してみることにしたのです。

$$\frac{dT(t)}{dt}=-\beta T(t)V(t),\quad \frac{dI(t)}{dt}=\beta T(t)V(t)-\delta I(t),\quad \frac{dV(t)}{dt}=pI(t)-cV(t).$$

まず、二つのC型肝炎ウイルス株を使って脇田先生、渡士先生たちに感染実験をしていただき、得られた実験データをもとに、ウイルスの生活環（ライフサイクル）を私が指導していた大学院生の岩波翔也氏・北川耕咲氏とともに数学的に解析していきました。

ウイルス感染とは、ウイルスに感染していない細胞にウイルスが入り、そこで複製されたウイルスが細胞の外へ出ていき、別の細胞に入って感染する……という繰り返しで、そのプロセスは上記のような方程式で書くことができます。

しかし、これだけでは細胞の中でたくさん増殖するウイルスと、細胞の外でたくさん増殖するウイルスの違いが表せません。

そこで渡士先生たちに、細胞の中のウイルスの量と細胞の外のウイルスの量も同時に計測していただきました。その計測データをもとに、細胞の中と外、両方とも記述した数理モデルを使うと、ウイルスの性質を分析することができます。

その結果、やはりステイ・ホーム型の「インドアウイルス」とリーブ・ホーム型の「アウトドアウイルス」とでも言うべき、異なる性質が確認されました。

片方のウイルスは、なるべく感染した細胞の中に留まって複製を作っています。もしまた細胞の外に出ると、次の細胞にたどり着けるかどうかわかりません。たどり着けても、その細胞に感染できるかどうかも不確かですから、インドアに留まる安全策を取るのです。

もう一方は、ホーム、つまり感染した細胞の中では、あまり増殖しません。危険を顧みず果敢に外に出ていって、感染細胞をたくさん作り、外で子孫を増やしていくのです。

また、細胞に留まるインドアウイルスは「増えやすさ」でアウトドアウイルスに勝り、アウトドアウイルスは「伝播しやすさ」でインドアウイルスに勝ることもわかりました。

動物も植物も、生物はみなそれぞれの繁栄戦略を持っていますが、その生物に寄生するウイルスも繁栄戦略を持ち、同じウイルスが二種類の繁栄戦略を使い分けていることも解明できたのです。

C型肝炎ウイルスは感染した生物の細胞内でじっと息を潜め、持続感染するウイルスですから、同じように持続感染するほかのウイルスも、C型肝炎ウイルスのような繁栄戦略を持っている可能性があります。

ウイルスの繁栄戦略を解明する研究が進めば、ウイルスの弱点がわかり、ワクチンや薬の開発につながるかもしれません。

C型肝炎ウイルス株はどのようにして複製と放出のバランスをとっているか

Should I stay or should I go?

PROBLEM

ウイルスゲノムの複製とウイルス粒子の放出のバランスはウイルス産生と感染伝播の効率を決めている。しかし、このトレードオフはまだ明確ではない

OBJECTIVE

この研究では2つの戦略のバランスを調べるためのモデルシステムとしてC型肝炎ウイルス(HCV)を用いた

STRATEGY

培養細胞での感染実験と数理モデリングを組み合わせ、異なるウイルス放出の特徴を持つ2つの異なるHCV株(JFH-1:臨床分離株、Jc1-n:研究室株)の感染動態を定量化した

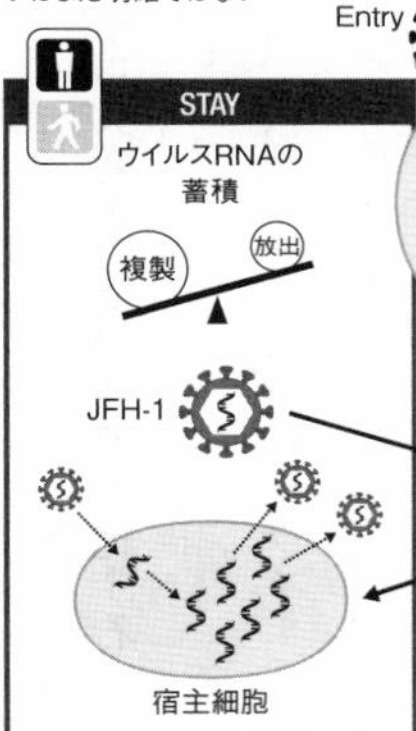

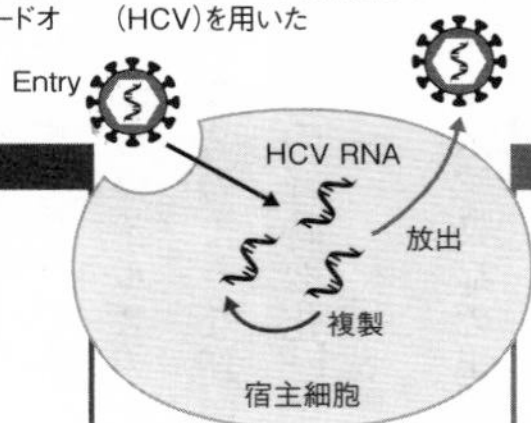

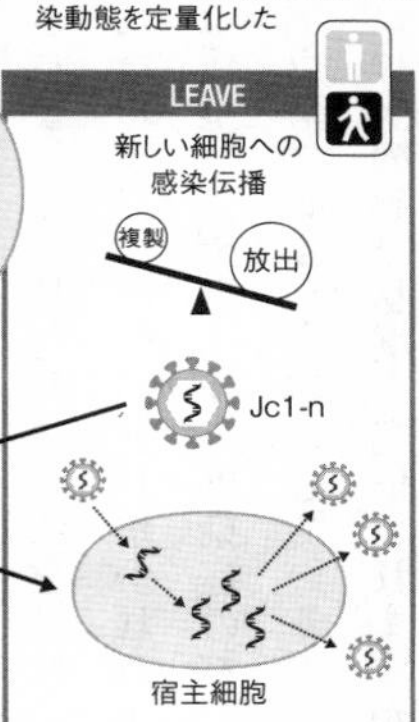

培養細胞でのHCV感染実験系で得られた時系列データに対して年齢構造化マルチスケールモデルを適用し、これらのウイルス株の細胞内と細胞間のウイルス動態を定量化した

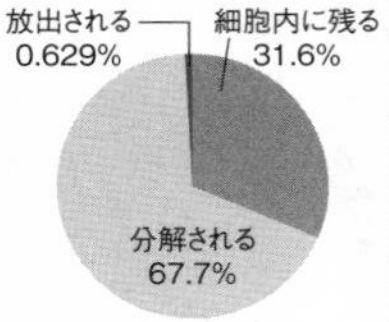

JFH-1のRNAの0.629%が放出され子孫ウイルスを産生するために使われる

—STAY-AT-HOME STRATEGY—

JFH-1はウイルスRNAを細胞内での複製に優先的に使い、結果として初期の増殖速度を高くしている

INSIGHT

ウイルス動態の理論と実験を融合した解析によってウイルスの複製戦略のより良い理解が可能になった。これはウイルスの感染伝播の効率的な制御に貢献する。複製戦略の選択はウイルス増殖を決めるだけではなくウイルスの病原性の特徴にも影響すると考えられる

CONCLUSION

私たちの強力にデザインされたマルチサイクルの感染実験とマルチスケールモデルによって、感染プロセス全体を反映するウイルスの適応度や伝播効率のようなさまざまな側面からのHCV株の細胞内での戦略の評価が可能になった

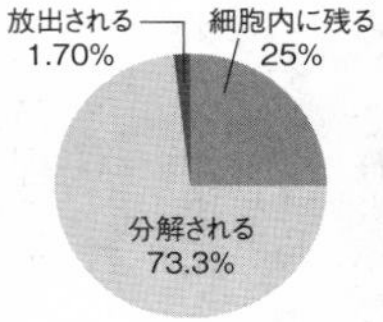

Jc1-nのRNAの1.70%が放出され子孫ウイルスを産生するために使われる

—LEAVE-HOME STRATEGY—

Jc1-nはよりウイルスRNAを子孫ウイルスの産生に使い、結果として初期伝播率を比較的高くしている。それゆえ、Jc1-nはJHF-1と比較して1.82倍早く細胞に感染し、2.70倍早く感染細胞からウイルスRNAを放出する

数理モデルでウイルス変化の特徴を可視化する

薬の開発と言えば、私たちは新型コロナウイルス感染症の薬につながる研究もしています。初めに行ったのは、「ウイルスの経時変化」についてのデータ解析でした。ウイルスの経時変化とは、感染してからウイルスの量がどう変化していくか、時間を追って調べたものです。新型コロナウイルスのような新興感染症が流行すると、世界で初めてこのウイルスに感染した人の「ウイルス量の経時変化」についての論文が、医学分野のトップ雑誌に必ず掲載されます。

新型コロナウイルス感染症の場合は、米国の「ニューイングランド・ジャーナル・オブ・メディシン」に掲載されました。私たちはそれを見越して、数理モデルとシミュレーションを作り、データが得られたらすぐに解析にとりかかれるように、パイプラインを作っておきます。

コロナウイルスは新型コロナウイルス感染症のパンデミックを起こす前に、SARSとMERSという二つのアウトブレイクを起こしているので、そのデータも用意しました。日本や各国から刻々と新型コロナの感染状況が発信されますから、それも集めておきました。

こうしたデータをもとに数理モデルで解析した結果、新型コロナウイルス感染症の、ある特徴が見えてきました。感染してからウイルスが排出されなくなる日数が、人によってバラバラ。私たちの言葉で言うと、「不均一」なのです。短い人は一週間ぐらいでウイルスがいなくなり、長い人では一ヵ月もウイルスが排出され続けます。一ヵ月という「ウイルス排出期間」は、二次感染を防止する観点から言うときわめて長い期間となります。

次にばらつきを考慮しながら……といっても私自身が考えるのではなく、人工知能技術の一つを適用しながら解析してみると、三つのパターンに分かれることを見つけました。一週間程度で終わる人、二週間ぐらいで終わる人、一ヵ月ぐらいで終わる人、の三パターンです。

こうしたデータは、治験を行う際に有用になります。一週間でウイルス排出がなくなる人は、治験薬を投与しなくても一週間経てば新型コロナウイルス感染症から快復してしまいます。本来一ヵ月でウイルスがなくなる人が、治験の薬が効いたためにウイルス排出は二週間で終わるかもしれません。

治験薬の対象である新型コロナウイルス感染症に関連があり、治験の結果にも影響をおよぼす「ウイルス排出」のような因子を「交絡因子」と言いますが、治験の実行には交絡因子を考慮することが非常に大事です。

生命の発生から死までの現象を数理科学で理解したい

また私たちは、新型コロナウイルス感染症にかかった患者さんのウイルスが体内でどのように変化するか、コンピュータの中で再現することや、コンピュータの中で治療をすることもできます。

この解析からは、治療の開始時期による効果の違いが明らかになりました。薬に効果があっても、治療の開始が遅れるとその効果は見えづらくなります。投薬した場合としない場合で、ウイルスの量はあまり差が出てこなくなるのです。

この治療のタイミングと、先ほどのウイルス排出期間を加味して、私たちはより効果的な治験法をシミュレーションしました。現在、そのデザインをもとに、日本で治験を行っているグループがあります。C型肝炎ウイルスの研究を私たちと一緒にした、渡士先生のグループです。渡士先生たちは「スクリーニング」といって既存の薬剤の中から新型コロナウイルス感染症に効くものを探し、HIVの治療に使われているネルフィナビルという薬を見つけました。細胞の中でウイルスが複製する時に使うプロテアーゼという酵素を阻害する薬です。

私たちはこのネルフィナビルを、どんな方法でどのくらい投与すれば新型コロナウイルス感染症に効く可能性があるか、シミュレーションしました。培養細胞実験では効果が認められており、副反応も重篤でないこともあり、二〇二〇年の夏から治験が始まっています。

ここまでお伝えしてきたように、私の仕事は一人ではできません。しかし、裏を返せば自由に、世界中の誰とでも組んで研究ができるということです。新型コロナウイルス感染症が流行する前は、共同研究や学会などで一年のうち六ヵ月以上は国内外に出張していました。

ときおり、さまざまな場面でとてつもない天才に出会って挫《くじ》けそうになりますが、そこは努力とコミュニケーション力でカバーできると信じています。

研究人生における究極の目標は、生命の発生から死にいたるまでの現象を、数理科学で定量的に理解することです。アウェイな空間を楽しみながら、それを目指していきます。

国際的な感染症対策から数理生物学まで——領域横断的研究

京都大学 ウイルス・再生医科学研究所
生命システム研究部門 システムウイルス学分野 特定助教

古瀬祐気

医師からウイルス研究へ

「新しい見方で現象を記述したい」

これがウイルス感染症に対する、私の研究スタイルです。本書では「数理でウイルスを知る」という章に入れていただいていますが、実際はウイルス感染症に関する研究や活動をさまざまな角度から行っています。一言で言えば、「全部やりたい！」。もう一言言えば、「一つに絞り切れない」からです。

立場的には、医師、基礎研究者、疫学専門家、公衆衛生官など、さまざまな分野に身を置きながら、これまでウイルス感染症に携わってきました。その経験から、臨床ウイルス学、疫学、数理生物学、進化学、分子生物学を統合させた研究を現在は行っています。

そもそものスタートは医師でした。といっても、子どもの頃から医師を目指していたわけではありません。大学受験が迫る頃、将来のはっきりとした夢も思い浮かばず、考えていたのは「知らないことがあるのはいやだ」ということぐらいでした。

そこで、自分が何を知らないのか考えてみたら、一番身近なはずの自分の体についてあまりにも知らないことに気づき、これを学ぼうと医学部に進みました。子どもが好きなので、卒業後は小児科の医師として病院に二年間勤務しました。

医師の仕事は楽しく、やり甲斐もありましたが、自分にしかできないことを探して挑戦してみたい、という思いに駆られ、病院を退職して米国の研究機関でエイズウイルス（ＨＩＶ）やインフルエンザウイルスの基礎研究を始めました。これがウイルス学や分子生物学との出会いです。ウイルスを研究の対象に選んだのは、子どもが感染することが多く、さらに学術的にわからないことがまだまだたくさんあったからです。

二〇一四年に二年間の米国生活から戻ったとたん、ＷＨＯのＧＯＡＲＮ（Global Outbreak

Alert and Response Network＝地球規模感染症に対する警戒と対応ネットワーク）の要請で、西アフリカのリベリアへ派遣されました。この頃、西アフリカ一帯で大流行していたエボラ出血熱の対策活動のためです。

正確に言えば、GOARNの募集に自ら応募して採用されたのですが、おそらく採用の理由は、こんなことだったと思います。

「ユーキは医者で、ウイルス感染症に詳しく、英語も話せる。それにどうせヒマそうだからちょうどいい」

真意のほどはわかりませんが、西アフリカへの派遣を皮切りに、それ以降もWHOや国際緊急援助隊を通じて、感染症の流行に対する活動にたびたび従事しています。

国際的感染症対策で求められること

国際的な活動における私の役割は、そのつど異なります。最初のリベリア派遣は「疫学とラボ要員」として手を挙げたのですが、現地の事情や状況を把握・勘案して、「今必要とされていること」や「役に立つであろう」ことを自分から探し、臨機応変にカバーしていかなければ

WHOや保健当局などのメンバーで公衆衛生的な対策を考えていく（写真中央が筆者。ナイジェリア、2019年）

なりません。

ウイルスの解析をすることもあれば、薬の処方量を決めるなど診療のガイドラインを作ることもありますし、時には感染防御のために手洗いの指導に当たることもあります。

リベリア派遣の際は、検査のためのＰＣＲ機器が当該国に一〇台しかなく、それをどの地方に配置し、どこで採取した検体をどのラボで検査するのか、各地の感染状況や道路事情を考慮しながらチームで話し合うことから始めました。

国際保健活動にはコミュニケーション能力が不可欠です。二〇一九年にラッサウイルスによるラッサ熱という病気の流行対策でナイジェリアに派遣された時は、五〇人ほどのチームの中で、アジア人は私一人でした。私以外はみなさん黒人です。そこで物おじせず、チームの全員と渡り合っていくのは、時に困難を伴います。

仕事を進めていく上では、言葉の壁もありますし、さらに相手の文化を尊重したコミュニケーションが求められます。たとえば、あえて仕事の話をなかなか始めないこともあります。まずは世間話や家族の話を一〇分くらいしてからでないと、「失礼」に当たるという国もあるのです。ほかにも、何かをお願いする時には、非公式に「気持ち」を示すことでうまくいく、といったこともあります。

また、以前に派遣されたある地域は、白人やアジア人がまったくいないところでした。そこでは、町を歩くたびに「一緒に写真を撮ってくれ」とせがまれました。チームのメンバーとも、現地の人とも積極的にコミュニケーションを図るのは基本中の基本。そうすることで顔と名前が覚えられ、物事がスムーズに運ぶようになります。

アウトブレイクを収めるには莫大な費用がかかりますので、時には予算を確保する仕事も頼まれます。「ユーキ、お前は日本人だから、日本大使館へ行って予算をもらってきてくれ」などと言われるのです。

そういう仕事をする時は、交渉相手に対して、仕事の対象としてだけではなく、「人間性」や「人となり」といったものにも興味を持って接することが大切です。相手が自分に興味を持ってくれれば、こちらの話に耳を傾けたくなるのは世界共通だと思います。また、物事の交渉には、「ここだ」という時に押し切れる話術や、多少の演技、誇張表現も必要です。回を重ねるうちにうまくなっていきました。いや、最初からうまかったのかもしれませんし、もはやこれが演じている自分なのか、素の自分なのかもわからなくなっていきました。

サンタクロースで考える数理生物学

国際活動の話題はこの辺にして、数理生物学にうつります。この分野は、日本での第一人者である西浦博先生のもとに一ヵ月通い、教えていただきました。その後に米国のワシントン大学でも学び、せっかく勉強したので、その理論を応用して得られた成果を論文として発表しました(1)。

「サンタクロースがクリスマスイブに感染症にかかってしまったら、世界中で何人が病気をうつされるのか」というのが、論文のテーマです。

欧米では「何割の子どもがサンタクロースからクリスマスプレゼントをもらえるか」など、サンタクロースを対象にしたユニークな研究がいろいろあります。そうしたデータを集め、感

「クリスマスイブに子どもが感染する確率」を表す式

$$p(christmas)_{child} = 1-\left(1-\frac{R_{0\,child\text{-}to\text{-}child}\times\gamma}{N_{child}}\right)^{I(christmas)_{child}} \times\left(1-\frac{R_{0\,adult\text{-}to\text{-}child}\times\gamma}{N_{child}}\right)^{I(christmas)_{adult}} \times\left(1-\frac{R_{0\,adult\text{-}to\text{-}child}\times\gamma\times f}{C}\times F_{good}\right)$$

R_0は基本再生産数、Iは感染者の数、Nは人口、γは感染期間の逆数、fはサンタクロースの感染対策の度合い（手洗い、マスク、子どもとの接触時間の低下など）、Cは1日に1人の大人が接触する子どもの平均的な数、F_{good} は子どもが良い子であったためにサンタクロースが訪れる割合、を表す。

染症の広がりを計算する「ＳＩＲモデル」という常微分方程式に当てはめました。実際にはいくつかのパターンを作って計算したのですが、主なものだけ結果を簡単に説明したいと思います。

毎年冬になると、世界的にインフルエンザが流行します。仮に通常の冬に人口の一九％がインフルエンザにかかるとします。もしインフルエンザにかかったサンタクロースがその世界を回ると、その冬は人口全体で二一％くらいがインフルエンザにかかる、という結果になりました。増えることは増えますが、そこまで深刻な事態にはなりません。

もう一つ、サンタクロースが麻疹（はしか）のウイルスを持っている場合も計算してみました。子どもたちのワクチンの接種率が八五％ほどだとすると、サンタクロースのせいでほぼ一〇〇％の確率ではしかの大流行が起きてしまいます。しかし、実際にはほとんどの先進国で、はしかのワクチンはもっと多くの人に接種されています。ワクチン接種率が九五％の場合だと、サンタクロースがはしかのウイルスを持ち込んでも大規模な流行は起こさずに済む、という結果が得られました。

さらに、ワクチンの接種率があまり高くなく、サンタクロースのせいで一〇〇％の確率で大規模な流行が起きるケースでも、サンタクロースが家に入る前に手を洗い、マスクをすれば、その確率を二〇％まで落とせるというモデルも示しました。

感染症の拡大期には、一人が何人もの人に病気をうつすスーパー・スプレッディング・イベントと呼ばれる現象が起こることがよく知られていますが、この時の試みはサンタクロースを「スーパー・スプレッディング・イベントを起こす人（＝スーパー・スプレッダー）」に見立てたものです。

つまりスーパー・スプレッディング・イベントが起きうる状況であっても、手洗いやマスクで防御したり、ワクチンがあるものはそれをきちんと接種したりすることで感染流行の規模がかなり抑えられる、という隠れたメッセージを送ることが、論文を書く時のモチベーションでした。

実はこの研究は、「おもしろく、考えさせられ、でもやっぱりくだらない研究」に送られるイグ・ノーベル賞の候補にもなりました。選ばれませんでしたけれど。

ウイルスをめぐるさまざまなチャレンジ

さて、次はウイルスの分子的な研究に話題をうつします。この分野に関しては、私は多くの先生方とは違って、専門的に取り組んでいる「これ」といったウイルスがありません。二〇一九年は子どもたちに発疹や麻痺《まひ》などを起こすエンテロウイルス、その前はヘルペスウイルス、そのさらに前はアデノウイルスというウイルスの研究をしていましたし、現在はインフルエンザウイルスと、小児に呼吸器疾患を起こすRSウイルスの研究をしています。

論文などを読んで、そのときどきに気になるウイルスを研究対象として自分の興味があるところを調べたら、また、ほかのウイルス研究に着手する、というのがこれまでの研究の流れです。ただ、インフルエンザウイルスの、とある研究課題だけはもう六年くらい続けて行っています。

その内容について少しだけ述べると、インフルエンザウイルスとヒトの細胞のある部分の結合について調べています。私が目星をつけた通りのことがインフルエンザウイルスとヒトとの間で起きているとしたら、ウイルスとヒトとの関係の理解が変わるくらいの大きなことではないか……と思って続けているのですが、まだこれといった結果は出ていません。

六年間も何の進展もないままで、普通ならもう諦めるポイントなのでしょうが、私が諦めずに続けていられるのは、一つのテーマに固執せずに、同時にほかにも自分の好きなこと（研究や教育、国際保健活動など）をしているからかもしれません。

RSウイルスの研究は、AMED（Japan Agency for Medical Research and Development ＝国立研究開発法人日本医療研究開発機構）から研究費をいただいて進めています。AMEDがテーマを決め、研究者を募る制度です。

一般にはあまり知られていないかもしれませんが、ほとんどの子どもは二歳になるまでに、少なくとも一度はRSウイルスに感染すると言われています。軽い風邪のような症状で治まることもありますが、重い肺炎や細気管支炎と呼ばれる病気を起こして死にいたることもあります。世界中で年間六〇万人くらいの子どもがRSウイルス感染症で亡くなっていると推計されています。

私の行っている研究は、患者さんから採取したRSウイルスを解析し、ウイルスの遺伝子のどの部分に変異が起きると重症化するのかを特定することです。しかし、残念ながらこの研究も今のところあまり成果は出ていません。

世界中から送られてくるはずのサンプルが、新型コロナウイルス感染症のパンデミックで入ってこなくなってしまったからです。日本にもRSウイルスの患者さんはいますが、多くの場合PCR検査をする段階でウイルスを殺してしまうので、実験用のウイルスが集められません。新型コロナウイルス感染症の世界的流行で、ほかのウイルスの研究にも支障が出ているのです。

私のネオウイルス学研究

ネオウイルス学分野の研究については、遺伝子解析のための新しいソフトウェアを開発しています。ウイルスの進化に関係が深い遺伝子変異がゲノムのどの部分にあるのかを、遺伝子のDNA配列から見つける、というソフトウェアです。

生物の進化には、遺伝子の変異が関わっていますが、だからといってすべての遺伝子変異がなんらかの影響をおよぼすわけではありません。ほとんどの場合、遺伝子に変異が入っても影響がないか、あるいは与える影響が悪いものなので、その変異はすぐに消えてしまいます。ところがものすごく低い確率で、生物にとってラッキーな変異が生じることもあります。ウイルスで言えば感染力が高まる、動物で言えばキリンの首が長くなるような遺伝子の変異。本当は首を長くする遺伝子などありませんが、キリンの首の喩えは一般の方にわかりやすいので、よく使われています。

これまでの手法では、たとえばキリンの場合、首が長くなったことがわかってから、首を長くする遺伝子を探しに行くわけです。これも本当の例ではありませんが、たとえばキリンの首を作る遺伝子にあるDNAの並びが「ATGC」から「AGCT」に替わったことが首を長くする進化につながった、とします。

私が開発したソフトウェアは、キリンの首が伸びたという情報がなくても、「AGCT」という遺伝子配列だけで、「この変異は進化に関わっていて、生物にとって有利なものだ」と認識することを可能にするものです。

このようなソフトウェアを作ります、という申請書を書いてネオウイルス学の公募班メンバーに入れてもらいました。開発したソフトウェアをほかの研究者の方にも使ってもらうことで、ウイルスの生態に影響を与えるような遺伝子変異を見つけることができれば、「ウイルスを地球生態系の構成要素として理解する」ネオウイルス学に貢献できるのではないかと期待しています。

これからの展望

このように、私はウイルスに関するさまざまな現象を、さまざまなやり方で研究しています。初めに書いたように、「何か未知の仕組みを明らかにしたい」というよりは、「自分にしか気づかないような新しい見方で現象を記述したい」というのが研究のモチベーションです。私のように、いろいろな分野を横断している人間は、単なる「道楽者」と思われて、あまり評価されないことが多いのが現状です。特定の専門分野を持ち、そこからその専門分野の強みを活かして別の領域にイノベーションをもたらすなどすれば評価も高くなるのでしょうが、私は「柔軟であり続けたいということに対して意固地」ですので、今後もこのらりくらりとした研究スタイルは変わらないと思います。

自分としては、興味のあることを思いつくままにやっていく中で、得られるさまざまな成果のうちのどれかがいつか、感染症の制御につながっていくといいな、と思っています。

註

（1）Yuki Furuse, What would happen if Santa Claus was sick? His impact on communicable disease transmission. *The Medical journal of Australia*,211(11):523-524, 2019.

おわりに――新型コロナウイルスのその先へ

新型コロナウイルスによるパンデミックが起きて以来、「ウイルス」という言葉を一日も欠かさずメディアで見聞きします。ウイルスに関する基礎的な知識や、新型コロナウイルスの解析過程も刻々とメディアで報じられてきました。今ほど全世界規模でウイルスの存在や性質が、一般の方に認識された時代はありません。

しかし、より深く認識されたとはいえ、「ウイルス」のイメージは従来通り、我々人類に病気を発症させる「悪玉」のままです。実際には、寄生した生物に害を及ぼすどころか、恩恵を授ける「善玉」的役割を果たすウイルスも多く存在しています。そうしたウイルスの知られざる一面も含めて追究していくのが「ネオウイルス学」で、現状での成果は本書に記した通りです。

もっとも、ウイルスを「悪玉」「善玉」などと分けることは、人間の視点でとらえた勝手な解釈にすぎません。ネオウイルス学の究極の目標は、偏見のない視点で地球環境に生存するウイルスの全体を自然科学的にとらえることです。そこにいたるまでにはまだ長い道のりが必要ですが、その過程で我々は次なるステップに進もうとしています。

それは、これまで明らかになったウイルスの特性を活用し、社会に役立てる試みです。一例を挙げましょう。

すべてのウイルスは標的とする生物の細胞に侵入して自らのコピーを増やしていきますが、その前にウイルスは細胞内でいったん姿を消します。より正確に言えば、ウイルスの粒子がばらばらの部品に分解されるのです。

そのあと、侵入した細胞から必要な要素だけを選別してウイルスの部品をつくらせ、各部品を再集合させて大量のコピーを生み出します。言わば、勝手に入り込んだ細胞をハイジャックして、ウイルスの生産工場にしてしまうのです。

数多くの不要な要素を排除し、必要な要素でつくった部品が自動的に集合して、組み立て式の製品が完成する工程を想像していただくと、イメージがわきやすいかもしれません。それをナノレベルで実現するウイルスを、緻密で精巧なマシーンと解釈することも可能です。こうしたウイルスの増殖戦略を、具体的なモノづくりに活用していくことを考えています。

個々のウイルスに眼を向ければ、新型コロナウイルスは石鹸やアルコールで不活化されますが、胃腸炎を引き起こすノロウイルスは石鹸でもアルコールでも不活化されません。なぜそれほど安定しているのか。それを解明し、応用することで、我々にとって身近なものの安定性を強化することができるかもしれません。

また、寄生した植物を乾燥に強くするウイルスや、赤潮を発生させる植物プランクトンを駆逐するウイルスを活用し、地球環境を整える方策も探っています。

新たな試みには、我々ウイルス学者だけでなく、工学、細胞生物学など、さまざまなジャンルの研究者との連携が必要です。最終的に偏見なくウイルスの全体像をとらえることを目的としながら、現在「悪玉」イメージだけがクローズアップされているウイルスのプラス面に学び、それを活かす研究を当面は進めていきたいと考えています。

本書は、各章(「はじめに」と「おわりに」を含む)の先生方に浅野恵子さんがインタビューし、一般の方に伝わりやすい表現で書き下ろしていただいて完成しました。とてもわかりやすい内容になったと思っています。

また、コロナ禍の不自由な状況の中、リモート取材の手配を始め、円滑に本づくりを進めていただいた集英社新書の伊藤直樹さんにも、この場を借りてお礼を申し上げます。

河岡義裕

二〇二一年三月

執筆者略歴（五十音順）

岩見真吾（いわみ・しんご）

一九八二年、和歌山県出身。九州大学大学院理学研究院生物科学部門准教授。博士（理学）。静岡大学創造科学技術大学院自然科学系教育部環境・エネルギーシステム専攻博士後期課程（短縮）修了。日本数理生物学会研究奨励賞受賞。共著に『ウイルス感染と常微分方程式（シリーズ・現象を解明する数学）』（共立出版）。

大場靖子（おおば・やすこ）

一九七二年、北海道出身。北海道大学人獣共通感染症リサーチセンター准教授。博士（医学）。北海道大学医学研究科博士課程修了。共著に『蚊のはなし—病気との関わり』（朝倉書店）、『グローバル時代のウイルス感染症』（日本医事新報社）など。

川口　寧（かわぐち・やすし）

一九六七年、東京都出身。東京大学医科学研究所感染・免疫部門教授、同感染症国際研究センター教授、同アジア感染症研究拠点長。獣医学博士。東京大学大学院農学生命科学研究科博士課程修了。小島三郎記念文化賞受賞。著書や監修に、『Human Herpesviruses』(Springer)や『ひと目でわかる!ウイルス大解剖』(誠文堂新光社)など。

佐藤 佳(さとう・けい)

一九八二年、山形県出身。東京大学医科学研究所感染症国際研究センター准教授。医学博士。京都大学大学院医学研究科博士課程修了(三年次早期修了)。日本エイズ学会ECC山口メモリアルエイズ研究奨励賞、日本ウイルス学会杉浦奨励賞、文部科学大臣表彰若手科学者賞受賞。ウイルス学と分子系統学、分子進化学、バイオインフォマティクスを融合した学際融合研究分野「システムウイルス学」の創成と開拓を目指した研究を展開している。

澤 洋文(さわ・ひろふみ)

一九六〇年、北海道出身。北海道大学人獣共通感染症リサーチセンター教授、同副センター長、ザンビア大学獣医学部客員教授、ザンビア拠点長。医学博士。北海道大学大学院医学研究科内科系専攻博士課程修了。二〇〇五年から二〇一九年までにザンビア共和国を五五回以上訪問して、節足動物、野生動物を対象とした、ウイルスの疫学調査を実施している。

鈴木信弘（すずき・のぶひろ）

一九六〇年、宮城県出身。岡山大学資源植物科学研究所教授。東北大学農学研究科博士課程修了。秋田県立農業短期大学講師、メリーランド州立大学生物工学研究所客員准教授などを歴任。日本ウイルス学会杉浦奨励賞、日本植物病理学会賞受賞。国際ウイルス分類委員会役員、Virus Research, Virology Journal, Frontier in Virology, Journal of General Plant Pathology のエディター、Virology, Journal of Virology の編集委員を務める。

高橋英樹（たかはし・ひでき）

一九六〇年、東京都出身。東北大学大学院農学研究科教授。農学博士。東北大学大学院農学研究科修士課程修了。米国ラトガース大学・ワクスマン研究所博士研究員。米国コーネル大学・ボイストンプソン研究所客員研究員。日本植物病理学会賞受賞。

朝長啓造（ともなが・けいぞう）

一九六四年、福岡県出身。京都大学ウイルス・再生医科学研究所教授、同感染症モデル研究センターセンター長。博士（獣医学）。東京大学大学院農学研究科博士課程修了。専門はウイルス学。日本獣医学会獣医学奨励賞、日本ウイルス学会杉浦奨励賞、野口英世記念医学賞受賞。

中川　草（なかがわ・そう）

一九八一年、東京都出身。東海大学医学部講師。博士（理学）。東京医科歯科大学大学院生命情報科学教育部博士課程修了。国立遺伝学研究所博士研究員、ハーバード大学客員研究員を経て現職。日本進化学会研究奨励賞、松前重義学術奨励賞受賞。

長﨑慶三（ながさき・けいぞう）

一九六一年、岡山県出身。高知大学教育研究部自然科学系理工学部門教授。農学博士。京都大学大学院農学研究科博士課程修了。日本水産学会進歩賞受賞。水産庁南西海区水産研究所、

ノルウェー国ベルゲン大学（科学技術庁長期在外研究員）、および水産総合研究センター瀬戸内海区水産研究所で水圏ウイルス研究に没頭。同センター本部および西海海区水産研究所でマネジメントに従事した後、二〇一六年四月より現職。趣味はテニスと宴会のセッティング（コロナでストレス蓄積中）。

西浦　博（にしうら・ひろし）

一九七七年、大阪府出身。京都大学大学院医学研究科教授。保健学博士。宮崎医科大学医学部医学科卒、広島大学大学院医歯薬総合研究科博士課程修了。東京大学大学院医学系研究科准教授、北海道大学大学院医学研究院教授を歴任。新型コロナウイルス感染症流行初期から厚生労働省クラスター対策班に参画。武見奨励賞、遠山椿吉記念健康予防医療賞、藤原洋数理科学賞大賞受賞。共著に『理論疫学者・西浦博の挑戦―新型コロナからいのちを守れ！』（中央公論新社）。趣味はマラソン。

野田岳志（のだ・たけし）

一九七五年、福岡県出身。京都大学ウイルス・再生医科学研究所教授。博士（獣医学）。北海道大学獣医学部卒業。北海道大学大学院獣医学研究科博士後期課程修了。日本獣医学会獣医学奨励賞、日本ウイルス学会杉浦奨励賞、日本顕微鏡学会瀬藤賞、文部科学大臣表彰若手科学者賞受賞。日本学術会議連携会員・若手アカデミー会員。コーヒーとフランス菓子をこよなく愛す。

古瀬祐気（ふるせ・ゆうき）

一九八三年、宮城県出身。京都大学ウイルス・再生医科学研究所特定助教（京都大学白眉研究者、文部科学省卓越研究員）。医学博士。東北大学大学院医学系研究科博士課程修了。WHO感染症コンサルタント、国際緊急援助隊感染症対策チーム副班長、厚生労働省クラスター対策班参与。これまでにウイルス感染症の分子生物学・進化学・公衆衛生学・疫学に関する原著論文を五〇篇以上執筆・発表。

堀江真行（ほりえ・まさゆき）

一九八二年、岐阜県出身。京都大学白眉センター特定准教授。博士（医学）。獣医師。帯広畜産大学畜産学部獣医学科卒業。大阪大学大学院医学系研究科博士過程修了。日本学術振興

会育志賞、日本獣医学会獣医学奨励賞受賞。内在性ウイルス様エレメント研究会ENDEAVRの会長を務める。

牧野晶子（まきの・あきこ）

一九七八年、愛知県出身。京都大学ウイルス・再生医科学研究所助教。医学博士。東京大学大学院医学系研究科博士課程修了。

松浦善治（まつうら・よしはる）

一九五五年、福岡県出身。大阪大学微生物病研究所教授。獣医学博士。宮崎大学農学部獣医学科卒、北海道大学大学院獣医学研究科修士課程修了。第一製薬株式会社中央研究所、国立感染症研究所ウイルス第二部肝炎ウイルス室を経て現職。多ヶ谷勇記念ワクチン研究イスクラ奨励賞、日本ウイルス学会杉浦奨励賞、野口英世記念医学賞受賞。日本ウイルス学会、米国ウイルス学会、日本癌学会、日本分子生物学会所属。

松野啓太（まつの・けいた）

一九八三年、岐阜県出身。北海道大学人獣共通感染症リサーチセンター危機分析・対応室講師。博士（獣医学）。北海道大学大学院獣医学研究科ウイルス学専攻博士課程修了。日本全国・世界各国のフィールドを巡りながら節足動物の持つウイルスを探索しているが、本当はインドア派。

村田和義（むらた・かずよし）

一九六七年、大阪府出身。自然科学研究機構生命創成探究センター特任教授。理学博士。広島大学大学院生物圏科学研究科修士課程修了。松下電器国際研究所研究員、生理学研究所助手、産業技術総合研究所研究員、マサチューセッツ工科大学リサーチサイエンティスト、ベイラー医科大学インストラクター、生理学研究所准教授を経て、二〇二一年一月より現職。学生時代は超薄切片法による単細胞生物の電子顕微鏡観察を行っていたが、その後、藤吉好則博士のもとで当時まだ珍しかったクライオ電子顕微鏡を用いた研究を始める。

望月智弘（もちづき・ともひろ）

一九八一年、静岡県出身。東京工業大学地球生命研究所（ＥＬＳＩ）特任助教、バイオユニット・ラボマネージャー。京都大学農学部卒、同農学修士。フランス・パスツール研究所とパリ第六大学（ＵＰＭＣ）（現・ソルボンヌ大学）にてＰｈ・Ｄ取得。二〇一四年より現所属で、地球科学や天文学を専門とする同僚らの中で、日々ウイルス研究を遂行中。

渡辺登喜子（わたなべ・ときこ）

一九七三年、長野県出身。大阪大学微生物研究所教授。獣医学博士。一九九八年北海道大学獣医学部卒業。二〇〇二年同大学獣医学研究科博士課程修了。米国ウイスコンシン大学ポストドクトラルフェロー、ＥＲＡＴＯ河岡感染宿主応答ネットワークプロジェクト・グループリーダー、東京大学医科学研究所特任准教授を経て、二〇二〇年四月より現職。共著に『闘う！ウイルス・バスターズ――最先端医学からの挑戦』（朝日新書）。

構成／浅野恵子
本文デザイン、図版作成／ＭＯＴＨＥＲ

河岡義裕（かわおか よしひろ）

一九五五年生まれ。兵庫県出身。獣医学博士。北海道大学大学院獣医学研究科修士課程修了。米国ウイスコンシン大学獣医学部教授、東京大学医科学研究所感染症国際研究センター長、ネオウイルス学領域代表者。ロベルト・コッホ賞、野口英世記念医学賞、紫綬褒章、日本学士院賞。米国科学アカデミー外国人会員。『インフルエンザ危機』『新型インフルエンザ　本当の姿』（集英社新書）、『新型コロナウイルスを制圧する』（聞き手　河合香織／文藝春秋）等著書多数。

ネオウイルス学《がく》

集英社新書一〇五九G

二〇二一年三月二二日　第一刷発行

編者……河《かわ》岡《おか》義《よし》裕《ひろ》

発行者……樋口尚也

発行所……株式会社集英社

東京都千代田区一ツ橋二-五-一〇　郵便番号一〇一-八〇五〇

電話　〇三-三二三〇-六三九一（編集部）

〇三-三二三〇-六〇八〇（読者係）

〇三-三二三〇-六三九三（販売部）書店専用

装幀……原　研哉　　組版……MOTHER

印刷所……大日本印刷株式会社　凸版印刷株式会社

製本所……加藤製本株式会社

定価はカバーに表示してあります。

ISBN 978-4-08-721159-7 C0240

科学——G

a pilot of wisdom

医療・健康——I

腰痛はアタマで治す　伊藤和磨
介護不安は解消できる　金田由美子
話を聞かない医師 思いが言えない患者　磯部光章
発達障害の子どもを理解する　小西行郎
先端技術が応える！ 中高年の目の悩み　横井則彦
災害と子どものこころ　清水將之　柳田邦男　井出浩　田中究
老化は治せる　後藤眞
名医が伝える漢方の知恵　丁宗鐵
ブルーライト 体内時計への脅威　坪田一男
子どもの夜ふかし 脳への脅威　三池輝久
腸が寿命を決める　澤田幸男　神矢丈児
日本は世界一の「医療被曝」大国　近藤誠
「間」の悪さは治せる！　小林弘幸
すべての疲労は脳が原因　梶本修身
西洋医学が解明した「痛み」が治せる漢方　井齋偉矢
糖尿病は自分で治す！　福田正博

アルツハイマー病は治せる、予防できる　西道隆臣
すべての疲労は脳が原因2〈超実践編〉　梶本修身
認知症の家族を支える ケアと薬の「最適化」が症状を改善する　高瀬義昌
産業医が見る過労自殺企業の内側　大室正志
すべての疲労は脳が原因3〈仕事編〉　梶本修身
人間の値打ち　鎌田實
スマホが学力を破壊する　川島隆太
体力の正体は筋肉　樋口満
ガンより怖い薬剤耐性菌　三瀬勝利　山内一也
本当はこわい排尿障害　高橋知宏
心療眼科医が教える その目の不調は脳が原因　若倉雅登
定年不調　石蔵文信
悪の脳科学　中野信子
女は筋肉 男は脂肪　樋口満
出生前診断の現場から　室月淳
すべての不調は口から始まる　江上一郎
赤ちゃんと体内時計 胎児期から始まる生活習慣病　三池輝久

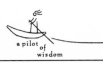

花ちゃんのサラダ　昭和の思い出日記〈ノンフィクション〉
南條竹則　1048-N
懐かしいメニューの数々をきっかけに、在りし日の風景をノスタルジー豊かに描き出す南條商店版『銀の匙』。

万葉百歌　こころの旅
松本章男　1049-F
随筆の名手が万葉集より百歌を厳選。瑞々しい解釈と美しいエッセイを添え、読者の魂を解き放つ旅へ誘う。

拡張するキュレーション　価値を生み出す技術
暮沢剛巳　1050-F
情報を組み換え、新たな価値を生み出すキュレーション。その「知的生産技術」としての実践を読み解く。

福島が沈黙した日　原発事故と甲状腺被ばく
榊原崇仁　1051-B
福島原発事故による放射線被害がいかに隠蔽・歪曲されたか。当時の文書の解析と取材により、真実に迫る。

女性差別はどう作られてきたか
中村敏子　1052-B
なぜ、女性を不当に差別する社会は生まれたのか。西洋と日本で異なる背景を「家父長制」から読み解く。

退屈とポスト・トゥルース　SNSに搾取されないための哲学
マーク・キングウェル／上岡伸雄・訳　1053-C
哲学者であり名エッセイストである著者が、ネットとSNSに対する鋭い洞察を小気味よい筆致で綴る。

アフリカ　人類の未来を握る大陸
別府正一郎　1054-A
二〇五〇年に人口が二五億人に迫ると言われるアフリカ大陸の現状と未来を現役NHK特派員がレポート。

〈全条項分析〉日米地位協定の真実
松竹伸幸　1055-A
敗戦後日本政府は主権国家扱いされるため、如何に考え、米国と交渉を行ったか。全条項と関連文書を概観。

赤ちゃんと体内時計　胎児期から始まる生活習慣病
三池輝久　1056-I
生後一歳半から二歳で完成する体内時計。それが健康にもたらす影響や、睡眠治療の検証などを提示する。

原子力の精神史――〈核〉と日本の現在地
山本昭宏　1057-B
広島への原爆投下から現在までを歴史的・思想的にたどり、日本社会と核の関係を明らかにする。